small houses

?? cm

원룸·투 룸·복층·타운하우스까지
작아서 더 좋다!

열 평 인테리어

김하나 지음

수작 걸다

내가 만난 10평대 작은 집을 말하다

10평대…. 이 작은 평수를 말할 때면 묘한 정겨움과 애착이 간다. 나 역시 부모님의 곁을 떠나 첫 서울생활을 작은 원룸에서 시작했었고, 직장을 다니면서 옮긴 투 룸도 10평대였으니 나의 20대는 10평대 작은 집과 함께 했다고 해도 과언이 아니다.

비록 작은 집이었지만 그 곳은 나만의 공간이었고 내가 하고 싶은 인테리어를 마음껏 하고 혼자만의 시간을 보낼 수 있었던 천국이었다. '인테리어'라는 것도 생소하고 몰랐을 그 시절, 잡지에서 봤던 근사한 집을 따라하고 싶어 동네 페인트 가게에서 사온 페인트로 사방 벽에 덕지덕지 바르곤 했다. 가구라고 하기엔 참 보잘것없는 공간박스를 칠하며 나만의 화이트 룸을 만들어 보기도 했다. 지금 생각해 보면 집을 좋아하고 인테리어에 관심을 가지게 된 것도 그 무렵이었던 것 같다.

돌이켜 보면 한때 작은 평수를 그저 큰 평수로 이사 가기 위해 거쳐 가는 곳으로만 치부했던 적이 있었다. 하지만 언제부터인가 오히려 작은 평수를 선호하는 이들이 생겨나기 시작했다. 도대체 어떤 매력이 사람들로 하여금 10평대 작은 집을 선택하게 하는 걸까? 나는 그 이유로 각양각색의 라이프스타일 만큼이나 다양한 구조를 꼽겠다. 혼자 사는 싱글을 위한 원룸부터 신혼부부나 가족을 위한 투 룸 아파트나 빌라, 그리고 복층, 단독주택까지… 이곳이 정말 10평대인가 싶을 만큼 사는 사람들의 유형도, 구조도 다양하다. 자신만의 감각으로 꾸민 인테리어 스타일은 또 어떤가. 작은 공간 속에 내추럴, 북유럽, 로맨틱, 빈티지, 인더스트리얼 등 다양한 스타일이 공존한다.

이 책을 준비하면서 찾은 10평대 집들 역시 그랬다. 집주인의 직업과 성향에 따라 꾸며지고 다듬어진 집을 보면서 집이란 것이 얼마나 사람의 삶 속에서 중요한 부분을 차지하고 있고, 사람들은 그 집에서 얼마나 많은 위안과 평온함을 얻는 지 알 수 있을 것 같았다. 1, 2년 잠시 살다 가는 곳이라도 내가 살고 있는 이 순간을 함께 하는 집이라면 내가 원하는 공간으로 만들고 싶어 하는 이들이 많아진 것도 정말 반가운 일이다.

이제 막 독립해서 혼자만의 공간을 꾸미는 싱글이나, 작고 소중한 신혼집을 어떻게 꾸밀지 고민에 빠진 신혼부부, 아이와 함께 작은 공간을 새롭게 만들어 가려는 가족 모두에게 이 책을 선물하고 싶다. 과연 10평대에 살고 있는 사람들은 실제 어떤 인테리어를 해놓고 사는지 궁금하다면 이제부터 나를 따라 오시라. 그들이 겪었던 좌충우돌 집 꾸미기 스토리와 10평대 작은 집 꾸미기를 위한 실질적인 조언들을 함께 담았다.

책에는 총 26곳의 10평대 작은 집 인테리어를 소개했다. 26곳 모두 어찌나 유니크한 공간들인지, 촬영차 새로운 집을 찾는 날이면 집 구경을 앞두고 가슴까지 설레곤 했다. 부디 이런 마음이 이책을 보고 있는 당신에게도 전해지기를. 책에 소개된 수많은 아이디어를 바탕으로 당신만의 공간만들기에 푹 빠져 보기를 권한다.

다시 봄날에, **김하나** 드림

Contents

One room

two room

contents

two-storied

detached houses + town houses

스튜디오라고도 불리는 원룸은 개성 강한 자신만의
공간을 원하는 싱글에게 인기가 높다. 한 공간에
다양한 생활공간이 함께 세팅되다 보니 적절한
공간의 분리가 집을 넓게 쓰는 핵심이다. 여기 자신의
라이프스타일에 맞춰 재미있는 아이디어를 보여주는
여덟 집을 소개한다.

One room

셀프 스타일링으로
꾸민 화이트 하우스 10평 33m²

CHECK POINT

형태 | 원룸 오피스텔
평형 | 10평 33m²
구조 | 거실 겸 방, 주방, 욕실
베란다 | 없음
시공 타입 | 셀프 스타일링

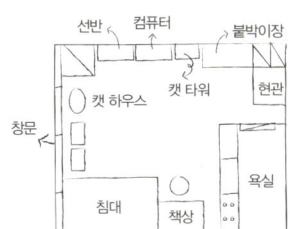

원룸은 침실 겸 거실, 서재, 주방, 드레스 룸까지 한 공간에 있다 보니 자칫 복잡해 보이기 쉽다. 어떻게 서로 이질적이지 않으면서 어우러지게 스타일링하느냐가 관건이기도 하다. 이런 면에서 박방울 씨의 원룸은 구조적 단점을 효과적으로 커버하면서 얼마나 사랑스럽고 포근한 공간으로 만들 수 있는 지를 보여주는 멋진 예다.

집안 가득 들어오는 햇살에 반해 이 집을 골랐다는 그녀의 말처럼 현관문을 여는 순간, 큰 창을 통해 눈부시게 쏟아지는 햇살이 방문객들을 반긴다. 바로 그 창 아래 가장 사적인 공간인 침실을 배치했다. 이 집의 제일 큰 가구인 침대를 현관 입구에서 가장 먼 쪽에 배치한 것. 이는 좁은 공간을 넓어 보이게 하는 키포인트가 되었다. 침실과 주방 사이에는 작은 서재를 마련했는데 책상과 화장대를 같은 원목 가구로 매치해 통일성을 주었다.

"좁은 공간이기 때문에 소재와 컬러를 최소화했어요. 여러 가지 컬러를 믹스할 경우 서로 어울리지 않고 복잡해 보일 수 있기 때문이죠. 화이트와 우드, 그리고 블랙 컬러를 적절히 매치했죠."

차가운 느낌의 침대 철제 프레임이 너무 튀지 않도록 다른 가구는 원목으로 통일하고 패브릭을 더해 포근함을 더해 준 것도 눈에 띈다.

◆ 프리랜서 디자이너 박방울
◆ 서울 중랑구 중화동 원룸 오피스텔
◆ blog.naver.com/bellcat

좁은 공간이기 때문에 소재와 컬러를 최소화했어요.
여러 가지 컬러를 믹스할 경우 서로
어울리지 않고 복잡해 보일 수 있기 때문이죠.

기존 구조를 적극 활용해 넓게 쓰기

Space 1

자연 조명 창가
창은 100% 가리지 말아야

침대를 창 쪽이 아닌 벽 쪽으로 붙여 창을 그대로 드러낸
후 키 작은 소품으로 데커레이션했다. 창가 커튼은 햇빛을
다 가리지 않는 면 소재의 화이트 컬러로 골라 답답함을
줄이고 밝은 느낌을 더해 주었다.

Space 2

침실 + 작업실
분리하지 않고 한데 어우러지게 연출

작은 집에서는 공간을 분리하는 것도 여의치 않을 때가 있다.
그녀는 아예 침실과 서재를 분리하지 않고 서로 어우러지게
만들기로 했다. 침대는 창 쪽으로 붙이고 옆으로 작업용 책상을
두었다. 책상은 물푸레나무로 만들어진 원목으로 블랙 철제
프레임 침대나 화이트 베딩과도 잘 어우러진다.

One Room

Space 3

미니 서재

부족한 수납공간을 더하고 데드스페이스 활용

오른쪽 공간에는 수납력이 높은 선반장을 두어 미니 서재 공간을
마련했다. 평소 좋아하는 인테리어 관련 서적이나 잡지, 소설책 등을
쉽게 꺼내 볼 수 있도록 두었다.

Space 4

펫 스페이스

애완동물을 위한 원목 내추럴 공간

고양이를 위한 캣 타워는 덩치가 커서 어디에 둘지
고민이었다. 창가 쪽에 두면 좁아 보일 것 같아 최대한
붙박이장 옆으로 자리를 옮겼고 답답함을 줄이고자 원목
소재로 골랐다. 캣 타워를 침대와 떨어진 공간에 두어 서로
분리된 공간을 만든 것도 포인트.

Space 5

현관 + 주방 + 욕실

세탁실을 겸한 주방으로 간편해진 동선

창 맞은편에는 세탁기가 빌트인된 싱크대가 있어 집안일을
동시에 해결할 수 있다. 그리고 싱크대 옆부터 현관쪽
벽면에는 붙박이장이 설치되어 있어 부족한 수납을 해결했다.

숨어 있는 공간을 200% 활용한 아이디얼 수납

그녀의 원룸이 마치 맞춤가구를 짜 넣은 듯 보이는 이유는 공간을 꼼꼼하게 고려해 가구를 선택했기 때문이다. 가구 사이의 틈을 이용해 효과적으로 수납해 작은 집에서 꼭 필요한 수납공간을 확보한 솜씨도 남다르다. 책상 밑에는 작은 사이즈의 캐비닛을 두어 자잘한 생활용품을 보관하고 침대 밑에는 사이즈에 맞는 바구니를 넣어 철 지난 옷들을 보관해두었다. 옵션으로 설치되어 있는 붙박이장도 옷은 물론 책이나 다른 소품들도 깔끔하게 넣어둘 수 있도록 공간 분할에 심혈을 기울였다.

1 다소 무거운 소품부터, 책, 그리고 아기자기한 인형이나 향수까지 선반 위에 모두 수납했다.
2 키 낮은 바구니를 사서 옷을 넣고 침대 밑으로 넣었더니 아주 훌륭한 수납공간이 되었다.
3 의자를 두고도 남는 공간에 꼭 맞는 미니 캐비닛을 두었더니 쓸모없던 공간이 멋진 수납공간으로 변신했다.
4 붙박이장 안 공간을 나눠 수납력을 높였다. 위칸은 옷과 책을, 아래칸은 소품을 수납했다.

1   2   3   4

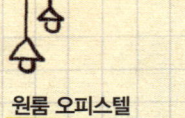

작은 소품 하나가 사랑스러운 공간을 만들다

디자이너답게 남다른 소품 스타일링도 돋보인다. 집 곳곳에 있는 앙증맞은 소품들은 공간을 더욱 사랑스럽고 따스하게 만들어줄 뿐 아니라 감각적으로 보인다. 고양이 토토를 위해 고른 라탄 하우스나 화장대 스툴을 화분 받침대로 활용한 감각도 남다르다.

1

1 직접 그린 그림과 액자로 데코한 북유럽풍 책상

책상 위에 직접 그린 고양이 그림과 멋스러운 액자를 두었는데 자세히 보면 그녀만의 데코 노하우가 숨어 있다. 액자, 종이에 그려진 그림, 그리고 스냅 사진 등을 벽에 붙이거나 책상 위에 올려두는 방법으로 변화를 준 것.

2 작은 공간도 지나치지 않는 섬세함

커튼 사이, 전신 거울, 창가도 그냥 지나치지 않고 작은 소품을 멋지게 데커레이션했다. 전신 거울에 걸려 있는 패션 페이퍼는 스타일리시해 보이며, 창가에 있는 작은 시계도 감각적이다. 커튼 사이에 매달려 있는 모빌이 동심으로 돌아가게 만든다.

2

3

3 무심히 걸어둔 패브릭으로 생동감 주기

침대 프레임에 걸어둔 패브릭이 한 눈에 들어온다. 화이트 베딩의 무난함을 단숨에 날려 버리는 강렬한 레드 컬러의 플라워 패턴 패브릭. 무심히 걸어둔 듯 하지만 확실한 포인트가 되어준다.

4

4 키 낮은 소품 사이 키 큰 조명으로 밸런스 맞추기

침대 옆에는 협탁을 두는 대신 화장대 스툴을 이용해 화분을 올려두었다. 원목 가구와 어울리는 토토의 라탄 하우스는 이 집의 분위기를 한층 앙증맞게 만들어준다. 라탄 하우스 옆 키 큰 블랙 조명으로 밸런스를 맞추어 좀 더 감각적으로 보이는 효과를 주었다.

5 고양이 소품으로 앙증맞게

곳곳에 있는 고양이 소품은 그녀가 얼마나 고양이를 사랑하는 지 보여준다. 여행 갈 때마다 독특한 고양이 소품은 거의 사 모으는 편. 여행의 추억을 되새길 수 있고 멋진 데커레이션 아이템도 된다.

5

one room

컬러의 경쾌함이
살아 있는 모던 룸 10평 33m²

CHECK POINT

형태 | 원룸형 도시형 생활주택
평형 | 10평 33m²
구조 | 거실 겸 방, 주방, 욕실
베란다 | 없음
시공 타입 | 셀프 스타일링

뉴욕 스타일의 고급스러운 모던함이 매력적인 윤지영 씨의 싱글 룸. 똑 떨어지는 심플한 가구에 유니크한 소품들로 가득한 공간이다. 평소 컬러감이 있는 소품 매치를 즐겨 인테리어 포인트는 컬러 소품에 두었다. 여기에 제브러 등 화려한 패턴이 들어간 스타일도 믹스했다.

"평소 인테리어 디자이너인 조나단 애들러 스타일을 좋아해요. 모던함에 컬러풀하고 유머러스한 이미지를 더하는 스타일이죠. 보는 순간 밝고 신나는 그런 인테리어를 하고 싶었어요. 화이트 컬러를 바탕으로 컬러감을 돋보이게 하면서 벽지나 붙박이장, 천장, 문 컬러는 심플한 컬러로 골라 산만해 보이지 않게 했죠."

10평 남짓 되는 공간에서 그녀가 가장 신경 쓴 부분은 공간 분할이다. 작지만 침실, 거실, 그리고 서재 공간을 꼭 만들고 싶었다. 비우는 공간 없이 꽉 채워 이 모든 공간을 원룸 안에 모두 넣었다. 침실은 문에서 잘 보이지 않는 벽 쪽으로 위치를 정해 시크릿한 공간으로 만들었고, 창가 쪽으로는 소파와 테이블을 놓아 거실을 마련했다. 창가 바로 옆 벽 쪽으로는 책상을 두어 서재로 활용했다.

침대나 책상, 소파 등 큰 가구들을 적절히 배치하기 위해서는 정확한 실측이 필요하다. 그녀도 가구를 들이기 전 가구 배치용 도면 작업을 했다. 가구가 들어갈 공간 사이즈를 일일이 적어 놓고 이에 맞춘 가구들을 고른 것. 이렇게 했더니 작은 공간을 아주 알뜰하게 활용할 수 있었고 가구끼리의 매칭도 서로 어긋남이 없이 자연스럽다. 부족한 수납공간은 수납력이 높은 붙박이장을 활용한 뒤 데커레이션 효과가 있는 수납 소품들을 곳곳에 배치해 해결했다.

◆ 북 디자이너 윤지영
◆ 서울 관악구 청룡동 원룸 도시형 생활주택

밝고 신나는 인테리어를 하고 싶었어요. 이 때 베이스 컬러는 화이트가 기본이죠. 컬러감을 돋보이게 하고 산만함을 피하려면 벽지나 붙박이장, 천정, 문 컬러는 심플한 컬러를 고르는 게 좋아요.

침실, 거실, 서재… 컬러 통일로 복잡하지 않게

Space 1

거실 + 창가
가장 밝은 공간에 거실을 두다

창가 쪽으로 안락함이 돋보이는 3인용 소파를 놓아 거실을
꾸몄다. 작은 집에 소파와 테이블까지 둔 이유는 침실은 지극히
개인 공간으로 남겨두고 싶었기 때문. 손님이 왔을 때 침대에 앉는
것을 피하기 위해서다.

Space 2

침실
레터링 벽지로 아늑함 표현

현관문에서 바라보았을 때 잘 보이지 않는 벽 쪽으로
침대를 두었다. 아늑함을 주기 위해서 벽 공간으로 위치를
정한 것. 모던한 도시 이미지를 살려주는 레터링 벽지로
포인트를 주어 침대 헤드가 없어도 심심하지 않게 했다.

One room

서재
**블랙&화이트 바탕에
컬러 포인트로 심플하게**

책상과 의자, 스탠드, 선반은 모두 화이트와 블랙 컬러로
통일했다. 책이나 기타 소품이 많아 기본 가구의 컬러는
최대한 배제하고 세련되면서도 심플함을 강조하는
디자인에 포인트를 두었다.

Space 4

주방 + 붙박이장
냉장고, 세탁기 빌트인 처리

주방 싱크대와 붙박이장이 연결되어 있는
구조라 주방과 수납공간이 하나로 되어 있다.
냉장고와 세탁기도 붙박이장 안에 빌트 인으로
설치되어 있다. 수납장과 연결되어 있어
집안일을 하는 동선도 짧다.

space 5

욕실
작은 화분으로 포인트 인테리어

브라운과 화이트 컬러가 고급스러움을 주는 욕실에는 신선한 느낌을
더해 주기 위해 그린 컬러로 포인트를 주었다. 욕실용품을 넣어두는
라탄 수납함과 파릇파릇한 기운이 샘솟는 작은 화분이 어우러져
이국적인 스타일을 연출하기도 한다.

아기자기한 수납 아이템으로 데커레이션 효과까지

절대적으로 부족한 수납공간을 대신해 수납 아이템을 곳곳에 배치했다. 침대 발치에는 라탄 박스를, 침대와 책상 사이에는 컬러감이 돋보이는 스툴을, TV장과 붙박이장 사이에는 작은 서랍함을 두어 화장대 겸용으로 사용한다. 소재나 컬러가 튀는 디자인으로 골라 인테리어 포인트가 되도록 했다.

1 침대 발치나 쇼파 옆 틈새 공간에 라탄 박스나 라탄 바구니를 놓아 수납 아이템으로 활용했다. 철 지난 옷이나 가방 등의 소품을 보관한다.
2 TV장과 붙박이장 사이에 작은 공간에는 슬림한 수납장을 넣었다. 따로 화장대가 없기 때문에 자질구레한 화장품을 수납한다.
3 침대와 책상 사이에 공간을 나눠주는 장치가 필요해 컬러감이 돋보이는 수납 스툴을 두었다.

1

2 | 3

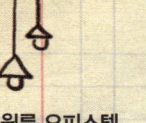

뉴욕풍의 컬러풀 소품 스타일링

Shopping Point

소파와 소파 테이블 미사리 가구 제품으로 소파는
90만 원대, 테이블은 30만 원대에 구입.

모던 장 스탠드 체리쉬 제품으로 20만 원대에
구입.

책상 옆 빈티지 수납 스툴 독일 werkhaus 브랜드
제품으로 5만 원대에 구입.

TV장 메스티지데코 www.mestideco.co.kr 에서
26만 원대에 구입.

침대 앞 라탄 수납함 까사미아 제품으로
개당 6만 원 대에 구입.

허전한 벽에 선반을 설치해 아끼는 소품들
을 올려두고 키스 해링 등 컬러감이 돋보이는
작가들의 작품으로 포인트를 주었다. 거실에는
심플한 소파를 돋보이게 하기 위해 과감한 패턴
의 쿠션과 제브러 프린트의 액자를 매치했다.

1 유쾌함이 묻어나는 키스 해링의 작품은 그녀가 가장 좋아하는
소품이다. 기분이 좋아지게 하는 매력이 있다고.
2 유머러스하면서도 현대적인 레터링 프린트가 지루함을 덜어주고
이국적인 분위기로 만들어준다.
3 화이트 톤의 소파에는 과감한 패턴의 쿠션으로 포인트를 주고 벽에도
강렬한 패턴의 액자를 함께 두었다.
4 앙증맞은 장난감이나 재미있는 디자인의 소품으로 원룸을 유쾌한
공간으로 연출했다.

어릴 적 꿈꾸던
작은 다락방 11평 36m²

CHECK POINT

형태 | 원룸 다락방
평형 | 11평 36m²
구조 | 침실 겸 서재, 드레스 룸, 주방, 욕실
베란다 | 없음
시공 타입 | DIY + 셀프 스타일링

삼각형 지붕, 낮은 천정과 작은 창문… 어렸을 적 꿈꾸던 다락방에 대한 로망을 그대로 보여주는 김보배 씨의 싱글 룸이다. 그녀 역시 오랜 시간 다락방을 꿈꾸다가 첫 독립공간으로 이곳을 선택하게 되었다.

"옥탑방이지만 다락방 같은 아늑함이 있는 집이에요. 햇살이 아주 많이 들어오기 때문에 인테리어도 밝고 환하게 하고 싶었죠. 그래서 천정과 벽, 문은 모두 화이트 페인트로 칠하고 가구도 심플한 스타일로 골랐어요." 대신 조명이나 액자, 쿠션, 모빌 등 소품으로 변화를 주기로 했다. 침실과 드레스 룸, 그리고 주방 곳곳에 그녀가 만든 조명은 아늑함을 더해 주는 포인트 소품이다.

원룸이지만 구조도 특이하다. 중앙에 주방을 중심으로 한쪽은 침실 겸 서재, 한쪽은 드레스 룸으로 꾸몄다. 여느 원룸과 달리 공간이 나뉘어져 있어 마치 투 룸처럼 활용할 수 있다. 현관과 마주보고 있는 공간은 침실 겸 서재로 활용했다. 주방을 지나 안쪽으로 들어서면 드레스 룸과 가장 아끼는 파우더 룸이 나온다.

작은 공간이지만 직접 발품을 팔아가며 고른 가구와 소품으로 꾸며 애정이 다르다. 수시로 가구 위치를 바꾸어 인테리어 스타일에 변화를 주는 것도 그녀의 즐거움이다. 꿈꾸는 다락방, 그녀의 로망이 모락모락 피어 오른다.

◆ 쇼핑몰 CEO 김보배
◆ 서울 서대문구 홍파동 원룸 다락방
◆ lamuqe.com / mustembylamuqe.com

삼각형의 낮은 천정을 화이트 톤으로 페인팅하니
더 넓어 보이고 아늑한 느낌이 들어요. 소품은 최대한
심플하거나 화이트 계열로 통일하고 가구는 내추럴한
디자인으로 골랐어요.

독특한 구조에 맞춰 짜임새 있게 세팅하기

Space 1 **침실 + 서재**
코너 쪽으로 침대를 두어 다락방 느낌 살리기

삼각형 천정의 코너 쪽에 침대를 두어 다락방의
아기자기함을 그대로 살렸다. 침대 헤드는 생략하고 감각적인
액자와 대형 프로필 사진으로 공간감을 더욱 살렸다.

Space 2

드레스 룸 + 파우더 룸
헹거와 공간박스로 꼼꼼한 공간 활용

옷이 많은 편이라 공간을 최대한 활용할 수 있도록
헹거와 공간박스를 넓게 설치했다. 헹거 옆 벽면에는
거울과 메이크업 조명을 달고, 선반을 설치해 미니
파우더 룸을 만들었다.

Space 3

미니 작업실

책상 하나로 심플하게

주방에서 드레스 룸으로 이어지는 코너에는 예전에 서재
테이블로 쓰던 책상을 놓고 미니 작업실로 만들었다. 아늑한
느낌이 들어 일할 때 집중도도 높아진다고. 책상에 책장이
함께 있는 타입이라 실용적이다.

Space 4

주방

**공간을 분리해 주는 주방은
복도의 역할까지**

주방은 한 단 높게 된 구조여서 완전히 분리된
느낌이다. 벽 쪽으로는 작은 싱크대가 있고 싱크대
맞은편에 다이닝 테이블을 두었다.

히든 스페이스
활용 아이디어

낮은 천정에 맞춰 키 낮은 가구에 수납하기

다락방의 삼각형 천정 구조라 큰 가구 대신 낮은 가구를 선택해 공간이 최대한 넓어 보이도록 신경을 썼다. 침대는 높지 않고 헤드가 없는 디자인으로, 책장은 공간박스를 옆으로 뉘어서 활용했다. 그리고 침실과 드레스 룸을 분리해 침실은 최대한 심플하게, 드레스 룸은 옷을 최대한 많이 수납할 수 있도록 공간박스와 헹거를 꽉 차게 배치했다.

1 현관과 침대 사이에 둔 낮은 테이블은 현관에서 바로 침대가 보이지 않도록 하는 파티션 역할을 해 준다. 현관에 있는 키 높은 전신 거울 역시 침대로 가는 시선을 분산시키는 역할이다.
2 현관과 주방으로 이어지는 벽 쪽에 조금 들어가는 작은 공간이 있다. 처음엔 선반을 달까 생각하다 지저분해 보일 것 같아 원래 있던 신발장을 페인팅해 재활용했다.
3 공간이 좁아 보이지 않도록 키가 낮고 심플한 공간박스 2개를 붙여서 책장으로 사용하고 있다.
4 미니 작업실 책상 옆에는 작은 책장을 달았는데 냉장고와 책상 사이의 허전한 벽을 커버하기 위한 것.
5 드레스 룸에 있는 옷 수납용 책장은 삼각형 천정 높이에 맞춘 것. 일반 옷장은 들어가지 않기 때문에 가로로 긴 책장을 옷 수납함으로 대체했다.
6 다른 공간보다 한 단 높은 주방은 복도이자 다이닝 룸 역할도 한다

1	2		
3	4	5	6

one room

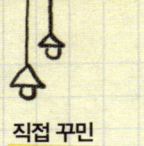

DIY VS Styling

오래된 주택의 낡은 다락방은 김보배 씨의 손을 거쳐 새로운 공간으로 변신했다. 벽은 직접 페인팅하고 바닥은 손수 데코타일을 깔았다. 오래된 문과 주방 싱크대는 직접 페인팅해 새것처럼 만들고, 우울했던 조명은 감각적 디자인의 조명으로 바꿔 달아 분위기 있게 연출했다.

1 파우더 룸의 메이크업 조명은 목공소에서 홈을 판 원목을 주문해서 만든 것. 전구를 고정시킨 뒤 홈으로 전선을 이어 만들었다.
2 한 칸으로 된 공간박스의 뒷면을 떼어 내고 드릴을 이용해 벽에 고정시켰다. 작은 책을 수납하기에 좋다.
3 방산시장에서 철망을 구입한 후 화이트 페인트로 칠하고 가스 배관에 매달아 고정했다. 미술작가의 초대장이나 엽서, 작은 조명으로 장식.
4 화이트와 내추럴 컬러 톤의 인테리어에 빈티지 레드 컬러의 의자로 포인트를 주었다.
5 이케아에서 주문한 선반에 노루쇠를 달아 벽에 고정시켰다. 직접 그린 그림과 친구의 작품을 함께 올려두었다.
6·7 감각적인 모빌은 훌륭한 오브제가 된다. 애드벌룬과 새 모양의 모빌을 곳곳에 달아주었다.

DIY

● **페인팅한 철망으로 파티션 대신**
철망을 화이트 컬러 페인트로 칠해 서재와 주방 다이닝 룸과의 경계를 만들어주었다.

● **신발장과 싱크대는 페인팅으로 변신**
오래된 신발장과 싱크대는 벽에 칠하고 남은 페인트로 2번 정도 꼼꼼하게 발라 재활용했다.

● **장판이었던 바닥은 데코타일로**
우울했던 노란 장판 대신 화사한 베이지 컬러의 데코타일을 새로 깔았다.

● **현관 바닥에 타일 깔기**
현관 바닥도 칙칙한 타일 바닥이었는데 밝은 컬러의 타일로 새로 깔았다.

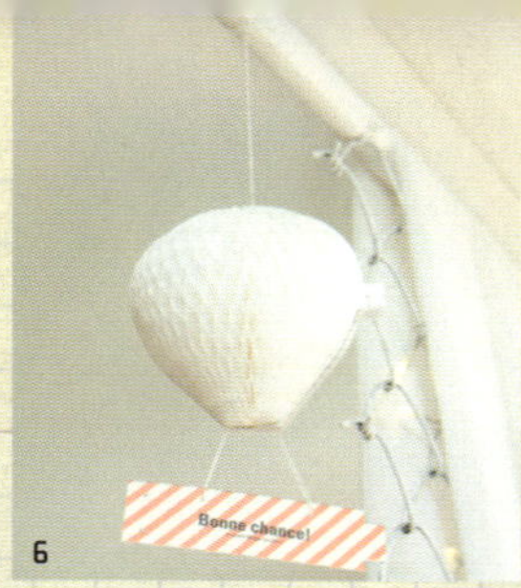

6

7

5

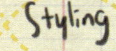 Styling

● **화이트 톤으로 심플하게**
모던하고 깔끔한 스타일을 좋아해 소파도 화이트
컬러 패브릭으로 바꿨다. 소파 벽면 액자도 심플한
디자인으로 골랐다.

● **감각적인 조명으로 아늑하게**
침실 겸 서재에는 부식 등과 스탠드, 벽 조명으로
포인트를 주었다.

● **작은 모빌로 앙증맞게**
작은 모빌을 천정과 파티션 등 곳곳에 달아 더욱
로맨틱한 느낌을 주었다.

● **미술 작품으로 예술적으로**
미술을 전공한 친구들이 선물로 준 작품을 곳곳에
두었더니 멋진 미니 갤러리가 되었다.

Shopping Point

천정 포인트 등 모두 을지로 조명상가를
다니면서 구입. 부식 등은 5만 원대,
스탠드는 2만 원대.

작업용 테이블 인터넷 쇼핑몰에서 6만
원대에 구입.

서재 원목 테이블 엄마가 이사할 때 선물로
주신 것.

빈티지 레드 의자 이케아 브랜드로
4만 원대에 구입.

레드 마니아의
컬러풀 작업실

13평 42m²

CHECK POINT

형태 | 원룸 빌라
평형 | 13평 42m²
구조 | 작업실, 침실 겸 거실, 주방, 욕실
베란다 | 있음
시공 타입 | 셀프 스타일링

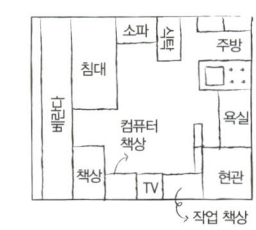

알록달록하고 앙증맞은 캐릭터와 패턴을 사랑하는 일러스트레이터 제제. 그녀의 작업실 겸 생활공간인 33m² 원룸은 직접 그린 일러스트 작품과 그동안 모아둔 레드 컬러 소품들이 가득하다. 레드 컬러를 워낙 좋아해 가구부터 소품까지 레드 포인트가 들어가지 않은 것이 없다. 심지어 TV까지도 레드 페인트로 리폼할 정도.

"화려하고 디자인 감각이 뛰어난 소품으로 꾸미면 좋겠지만 그렇지 못하는 상황이라 컬러에 포인트를 주기로 했어요. 기본 컬러는 화이트나 파스텔 톤으로 베이식하게 정하고 강렬한 레드 컬러로 강조하는 거죠. 작은 공간에는 컬러가 많이 들어가면 더 복잡해 보이기 쉽거든요."

이런 인테리어 팁은 모두 스무 살 때부터 지금까지 일곱 번을 이사하면서 생긴 노하우다. 그동안 여러 번 시행착오를 겪으면서 소품을 고를 때도 무턱대고 고를 것이 아니라 현재 디스플레이되어 있는 소품들과 어울리는 컬러와 디자인을 골라야 한다는 걸 터득했다. 원룸 곳곳을 장식한 일러스트 작품에도 다양한 컬러를 써서 화려한 느낌을 주는 편이라, 인테리어 컬러는 가급적 2~3가지 이내로 제한하기로 했다.

그녀의 작은 원룸은 한쪽은 작업실로, 다른 한쪽은 생활공간으로 나눈다. 평소에 재택근무를 하는 일이 많기 때문에 공간 분할은 그녀의 작업실 인테리어에서 중요한 부분이다. 일하는 공간과 생활하는 공간이 섞이면 일의 효율성이 떨어지기 때문. 처음 집을 구하러 다녔을 때에도 이처럼 공간을 나눌 수 있는 구조로 직접 배치도를 그려가면서 집을 골랐다.

리폼 마니아답게 욕실문과 벽을 화이트 페인트로 직접 바르고 리폼할 수 없었던 베란다 문은 화이트 원단을 구입해 직접 커튼을 만들어 달았다. 그리고 오래된 가구는 역시 화이트 페인트로, TV와 낮은 서랍장은 레드 컬러로 페인트해 그녀만의 레드&화이트 룸을 완성했다.

◆ 일러스트레이터 제제
◆ 서울 마포구 동교동 원룸 빌라
◆ www.wisderland.com

작업공간과 생활공간을 구분하라

Space 1

작업실

작업대, 컴퓨터 공간까지 연결되도록

손 그림과 그래픽으로 디자인을 병행해야 해 그림을 그리는
작업대와 컴퓨터 공간을 연결했다. 한쪽 벽을 모두 작업공간으로
만들기로 하고 각각에 맞는 테이블을 놓았다.

Space 2

창가 + 침실

부족한 수납공간 더하고 침대는
낮은 디자인으로

침실 옆 창가에는 헹거를 설치해 미니 드레스
룸으로 만들었다. 침대는 키 낮은 스타일로 고르고
베딩도 화이트와 레드 톤으로 통일했다.

ONE ROOM

Space 3

미니 거실
작지만 완벽하게 갖추기

거실로 활용하기엔 좁은 편이지만 손님이 왔을 때를 대비해
확실한 공간을 만들기로 했다. 원룸의 특성상 거실이 없으면
침대에 앉는 경우가 많기 때문에 이를 피하고 싶었다고. 그래서
3인용의 넓은 소파와 소파 테이블까지 두었다.

Space 4

주방
다이닝 테이블로 공간 분리

확실하게 공간을 나눠주기 위해 주방과 메인 공간
사이에 2인용 다이닝 테이블을 두었다. 각종 주방 소품이
즐비한 주방을 살짝 커버하는 데에도 아주 유용하다.

부족한 수납은 공간 박스로, 옷장 대신 헹거로

원룸이라 큰 가구를 넣으면 공간이 좁아 보이기 때문에 수납은 가구 대신 공간박스를 이용했다. 공간박스에 문을 달거나 패브릭으로 가려서 안이 보이지 않도록 한 게 포인트. 붙박이장이 없어 침대 옆 남는 공간에 헹거를 설치하고 커튼으로 살짝 가려주었다.

1 침대와 베란다 문 사이 자투리 공간을 이용해 옷을 수납하는 헹거를 두었다. 두껍지 않은 패브릭으로 커튼을 만들어 커버했다.
2·3 큰 가구 대신 선택한 것이 공간박스 비교적 가격도 저렴해서 싱글에겐 아주 유용하다. 공간박스에 문과 손잡이를 달아주면 미니 수납장으로 변신한다.
4 책이나 다 쓴 노트 등은 작업 테이블 스툴 아래에 수납한다. 가지런히 쌓아올린 후 작품을 그린 캔버스나 칠판 등으로 살짝 가려주면 된다.

1

2 3 4

오래된 TV나 가구는 페인트로, 수납 선반은 DIY 목재로

그녀의 작업실 가구는 대부분 리폼하거나 직접 만든 것들이 많다. 오래 사용한 작업실 테이블은 이사를 하면서 여러 번 화이트로 페인팅했고, TV와 서랍장도 리폼한 것들이다. 그리고 다이닝 테이블도 목재를 주문해 테이블 상판을 덧대서 리폼했다. 새 가구를 사기보다 오래된 가구를 리폼해 사용하는 편이 훨씬 정이 가고 자신만의 가구로 만들 수 있어 좋다.

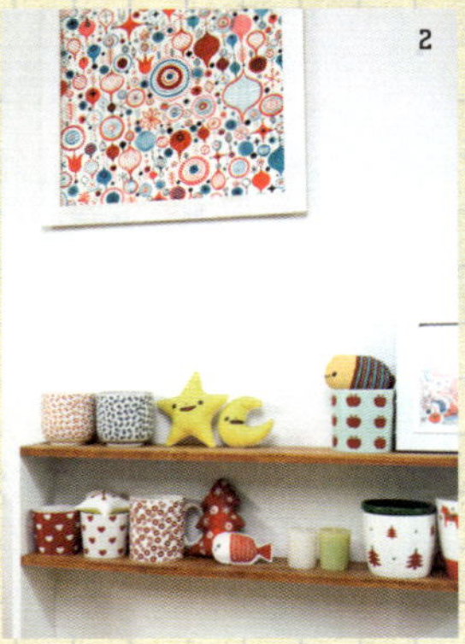

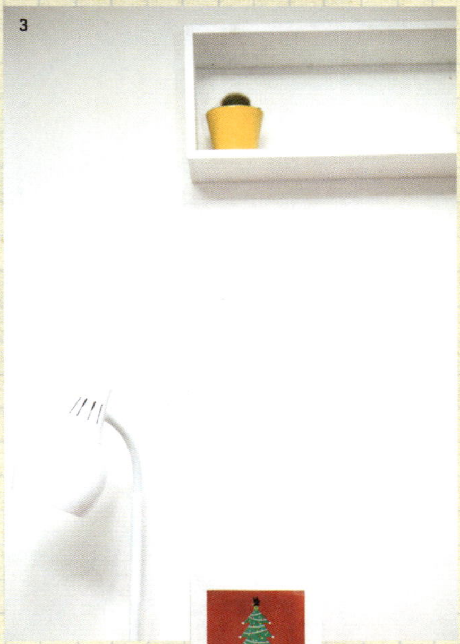

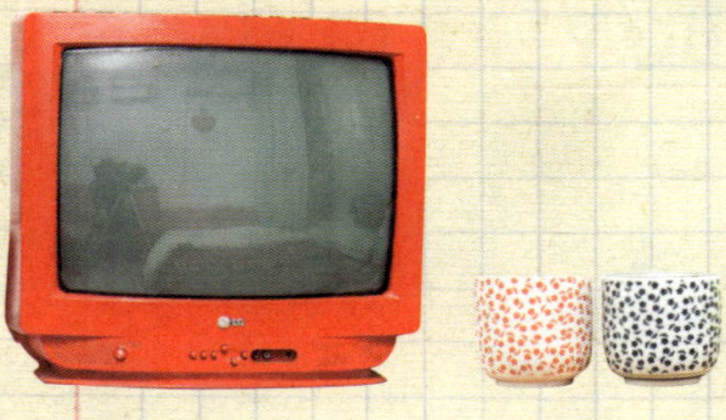

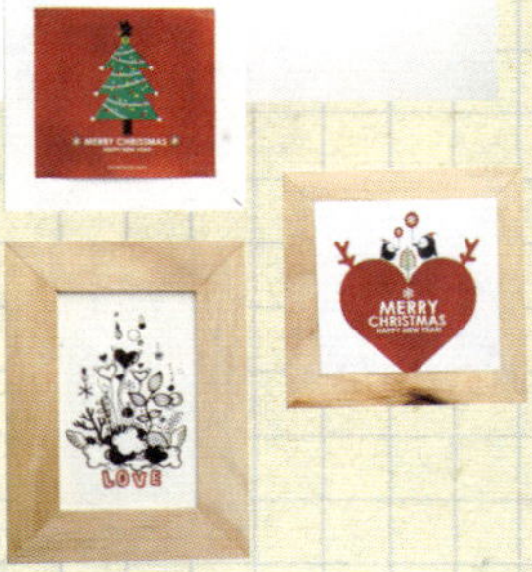

1 칙칙한 TV는 레드 컬러 페인트를 발라 리폼했다. 젯소를 바르고 페인트를 발라야 컬러감이 제대로 나온다. 다 마르고 난 후에는 벗겨지지 않도록 바니시를 덧발라준다.
2 주문한 목재를 목공본드로 붙이고 스테인으로 마무리했다.
3·4 벽장식 선반은 반제품을 구입하거나 원하는 치수를 재서 목재를 주문해서 만들었다. 미니 액자는 따로 사지 않고 액자 프레임으로 된 얇은 목재를 구입해 그림을 붙여주었다.

Shopping Point

화이트 장 스탠드 G마켓에서 3만 원대에 구입.
하트 조명 인터넷 쇼핑몰에서 2~3만 원대에 구입.
컴퓨터 테이블 의자 이케아 브랜드로 인터넷 쇼핑몰에서 3~4만 원대에 구입.
DIY용 목재 쇼핑몰 손잡이닷컴 www.sonjabee.com에서 구입.

one room

빈티지와
인더스트리얼이 만난
인테리어 작업실

13평 42m²

CHECK POINT

형태 | 원룸 오피스텔
평형 | 13평 42m²
구조 | 작업실, 거실, 주방, 욕실
베란다 | 없음
시공 타입 | 리모델링 + 스타일링

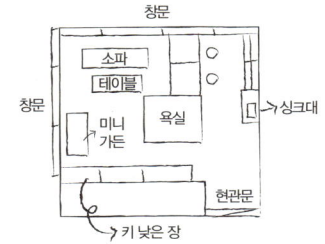

이국적인 느낌이 물씬 나는 이곳은 인테리어 디자이너 임규범 씨의 첫 작업실이다. 자신의 스타일이 그대로 묻어나면서 일하기에 편한 공간을 만들고 싶었다는데, 리모델링 작업이 예상보다 쉽지 않았단다. 지은 지 25년 가까이 되어가는 오피스텔이다 보니 구조도 답답하고 마감재도 엉망이었다고. 무엇보다 문을 열고 들어서면 정면으로 보이는 욕실과 그 앞 침실과 주방을 분리하는 가벽이 문제였다. 결국 일하기 편리하도록 구조를 변경하기로 했다. 우선 답답해 보이는 가벽은 과감하게 철거하고 욕실문도 여닫이에서 슬라이딩 도어로 실용적으로 바꾸었다. 철거가 되지 않는 욕실은 세탁실을 겸한 화장실로 사용하고, 욕실을 기준으로 왼쪽의 넓은 공간은 손님맞이 라운지로, 오른쪽은 직원 작업실로 이용하기로 했다. 천정은 뜯어내 콘크리트를 그대로 노출시켜 답답함을 덜었다.

오래된 건물의 매력을 지우기보다 살리는 데 포인트를 두면서 인테리어 콘셉트는 자연스레 인더스트리얼과 빈티지의 조합으로 결정되었다. 천정은 그대로 드러내고 바닥은 에폭시 마감으로 빈티지하게, 가구는 레트로 스타일과 철제를 믹스매치했다. 조명은 따뜻한 느낌이 나면서 은은해 보이도록 라인 등과 간접 등을 달았다.

라운지는 레트로 빈티지, 작업공간은 인더스트리얼 스타일에 가깝다. 작업실로 탄생했지만 이제는 집처럼 편안한 공간이 되었다. 자주 지인들을 불러 라운지에서 와인파티도 하고, 작업이 끝난 후에도 혼자만의 시간을 보내기도 한다. 작업실 창밖으로 보이는 도시의 야경도 아주 멋스럽다고.

◆ 인테리어 디자이너 임규범
◆ 서울 마포구 도화동 원룸 오피스텔
◆ www.817designspace.co.kr

일하는 공간과 쉬는 공간을 확실하게 분리

Space 1

라운지
**레트로풍 가구와
미니 가든으로 아늑하게**

레트로 소파와 인더스트리얼 테이블, 선반을 두어
개성 있는 스타일로 만들었다. 좁은 공간이라 낮은
높이의 가구를 고르고 아늑하면서도 따스한 느낌이
들도록 했다.

Space 2

작업실
일의 효율성을 높이기 위한 공간 구성

벽 쪽으로 책상을 두어 집중도를 높이고 책상 맞은편에는
각종 서류와 포트폴리오, 인테리어 샘플, 사무실 집기 등을
효과적으로 수납할 수 있도록 바퀴가 달린 철제 수납장을
직접 제작해 넣었다.

One Room

Space 3

주방
작업 공간과 이어지도록
스타일 통일

주방은 따로 요리를 하지 않고 간단하게 차를 준비할
수 있는 곳으로 최소화했다. 싱크대는 내추럴한
우드로 마감하고 작은 선반을 달아 찻잔이나 유리컵
등을 올려놓았다.

Space 4

욕실
실용성을 높인 슬라이딩 도어

원래 여닫이였던 문은 공간 확보를 위해서
구로철판 슬라이딩 도어로 교체했다.
칠판용 펜으로 메모를 할 수 있기 때문에
캘린더를 만들어두고 일정을 꼼꼼하게 적어
놓고 꼭 해야 할 일을 체크한다.

**Space 5**

현관 + 복도
포토 월과 미니 갤러리로 변신한 복도

작업실로 통하는 복도 벽에는 여행지에서 찍은
사진들로 포토 월을 만들었다. 라운지로 통하는
복도에는 액자를 두어 미니 갤러리로 활용했다.

미니 가든과 갤러리로 딱딱함 덜기

작업실이기 때문에 딱딱하고 차가운 느낌이 들기 쉽다. 그는 이런 단점을 커버하기 위해 작업실 안에 미니 가든과 갤러리 공간을 만들었다. 라운지 창가 코너는 사과박스를 리폼한 화분 받침대와 다양한 화분, 빈티지 소품 등으로 개성만점 미니 가든을 완성했다. 그리고 현관에서 라운지로 이어지는 복도에는 선물 받은 액자를 무심히 내려놓아 꾸미지 않은 듯 멋스러운 미니 갤러리를 연출했다.

1 컬러감이 매력적인 액자는 에폭시로 마감한 바닥에 두었다. 액자를 벽에 걸지 않고 바닥에 두면 공간이 훨씬 넓어 보이는 효과가 있다.
2 라운지 소파 맞은편에는 키 작은 철제 수납장을 두었다. 공간이 넓어 보이도록 낮은 키로 선택했고 자주 보는 책을 수납한다.
3 책상 밑 빈 공간에 쏙 들어가는 서랍장을 주문해 각종 사무집기를 수납해 두었더니 깔끔하다. 수납함도 철제로 된 제품을 골랐다.
4 주워 온 사과상자는 멋진 화분 받침대로 활용하고, 빈티지 원목에도 화분을 올려두었다. 일년 내내 싱그러움이 가득한 공간이다.

1

2 | 3 | 4

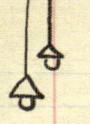

디자이너의 취향을 그대로 녹인 소품 스타일링

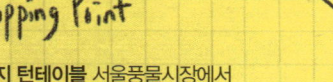

빈티지와 인더스트리얼 스타일을 사랑하는 디자이너는 작업실 곳곳에 자신의 취향을 담아 놓았다. 레트로 스타일과 인더스트리얼이 믹스된 가구로 전체적으로 중심을 잡아주고 소소한 소품들로 변화를 주었다. 컬러 톤은 은은하면서도 편안하게 다운된 컬러를 사용했고 포인트가 되는 미술작품으로 지루함을 덜었다.

1·3 오래된 전화기와 살짝 부식된 미니 조명, 그리고 턴테이블과 낡은 레코드판은 추억의 감성을 불러일으킨다.
2 직접 제작한 수납장. 우드 케이스를 꽉 차게 만들어 넣고, 타자 폰트의 네이밍으로 빈티지 느낌이 나도록 했다.
4 세트로 구성된 포토 액자는 허전한 벽면을 재미있는 공간으로 만들어 주기에 충분하다.

Shopping Point

라운지 턴테이블 서울풍물시장에서 8만 원대에 구입.

복도 포토 월 액자 인터넷 쇼핑몰에서 10개 세트로 5만4천 원에 구입.

라운지 소파 옆 빈티지 전화기 동네 전파사에서 구입.

라운지 수납장 위 우편함 을지로 철물점에서 1만 원대에 구입.

One room

내추럴 모던 하우스,
멘도룸 15평 49m²

CHECK POINT

형태 | 원룸 오피스텔
평형 | 15평 49m²
구조 | 침실, 거실, 서재, 주방, 욕실
베란다 | 있음
시공 타입 | 업체 리모델링

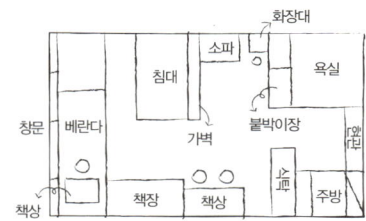

환한 햇살, 블루와 화이트가 주는 상쾌함, 그리고 우드의 편안함이 사람을 미소 짓게 만드는 곳, 바로 강동균 씨의 '멘도룸'이다. '멘도룸'은 '따뜻하다'라는 의미의 제주도 방언에 '룸'을 넣어 만든 말로 그와 그의 예비 신부가 지은 그들만의 보금자리 이름이다. 따스함과 편안함이 가득한 멘도룸은 꼼꼼하게 인테리어 콘셉트를 바탕으로 완성된 공간이다.

"리모델링을 계획하면서 원하는 인테리어 스타일을 함께 스케치했어요. 공간별로 어떤 가구를 들일지, 컬러는 어떻게 할지 등을 미리 메모해 놓고서 디자이너와 상의를 했죠. 원하는 콘셉트를 미리 정해두었어요."

가장 중요하게 생각했던 건 침실과 다른 공간과의 분리, 그리고 둘이 함께 책을 읽을 수 있는 충분한 서재 공간의 확보였다. 그들의 바람대로 가벽을 세워 아늑함을 강조한 멋진 침실이 생겼고, 천정까지 높은 책장과 넓은 데스크, 그리고 매거진 랙까지 더해진 넓은 서재공간이 만들어졌다.

좀 더 자세히 그들의 공간을 들여다보면 함께 사는 사람에 대한 배려가 얼마나 따스하게 묻어나는 지 알 수 있다. 그 중 하나가 조명이다. 공간마다 조명을 달리한 이유도 서로 다른 공간을 사용할 때 상대방에게 피해를 주지 않기 위함이다. 한 사람이 자고, 한 사람이 일찍 깼을 때 자고 있는 사람을 방해하지 않도록 화장대를 붙박이장 옆에 설치한 것도 흥미롭다.

◆ 회사원 강동균
◆ 서울 마포구 공덕동 원룸 오피스텔

내추럴하면서도 심플한 공간은 오래 있어도 질리지 않고
마음이 편안해져요. 우드와 화이트, 블루 톤도 기분을
정화시켜주죠. 집은 몸에 맞는 듯 편안하고 자연스러운
공간으로 꾸며야 한다고 생각해요.

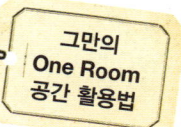

그만의 One Room 공간 활용법

구획별로 나누어 각각의 독립 공간으로

침실

가벽을 세워 프라이빗한 공간을 강조

원룸의 단점은 가장 프라이빗한 공간인 침실도 그대로 드러난다는 것. 그는 침실 분리를 위해 가벽을 세웠다. 가벽에 뚫린 공간을 만들어 답답해 보이지 않도록 했다.

Space 2

서재

책을 많이 보는 커플을 위해 널찍하게

책을 즐기는 예비부부라 둘이 함께 할 수 있는 테스크부터 들였다. 책장도 보다 책 수납을 많이 할 수 있도록 천정까지 높였다.

One room

space 3

거실 + 미니 드레스 룸

소파 하나로 미니 거실을,
드레스 룸은 미니 헹거와 붙박이장으로

작은 거실은 손님을 위한 공간이다. 가벽을 세워 침실과
분리한 뒤, 작은 소파를 넣어 거실로 만들고, 붙박이장이
있는 한쪽 벽 코너에는 화장대와 원목 헹거를 놓아 작은
드레스 룸으로 활용했다.

space 4

주방 + 다이닝 룸

주방은 슬림하고 심플하게

주방은 콤팩트하게 일자형 싱크대를 두고 작은
다이닝 테이블을 놓았다. 공간이 충분치 않아
조리대를 겸할 수 있도록 했다.

 space 5

욕실

욕조 대신 샤워부스를 넣어 공간을 넓게

내추럴하면서도 넉넉한 크기의 욕실을 원해서 욕조 대신
파티션을 설치한 샤워부스와 자연미가 느껴지는 원목
거울과 미니 수납장이 있는 세면대를 설치했다.

히든 스페이스
활용 아이디어

남는 코너와 벽면까지 모두 활용

작은 집은 빈 공간을 어떻게 활용하느냐에 따라 생각지도 않던 공간을 덤으로 얻을 수 있다. 그의 원룸에선 벽의 코너와 벽면 등 큰 가구를 들이고 남는 공간을 효과적으로 이용했다. 침실 벽 코너에는 북 타워를 놓아 자기 전에도 책을 볼 수 있도록 했고, 서재 데스크 위 벽면엔 벽걸이용 책장을 설치해 책을 더 수납할 수 있도록 했다.

1 다이닝 룸과 서재 사이 벽면에는 평소 즐겨보는 잡지를 수납할 수 있도록 매거진 랙을 설치했다.
2 코너에 있는 세탁실은 다양한 생활용품을 수납하는 다용도실로도 활용한다. 세탁실 안쪽으로 선반을 달아 세제와 기타 생활용품을 수납하는 것 부피가 큰 짐들도 함께 넣을 수 있도록 했다.
3 잠들기 전에는 항상 책을 보기 때문에 침대 옆 코너 벽엔 북 타워를 넣었다. 벽면 책장보다 자리를 많이 차지하지 않으면서도 수납력이 좋고 보기에도 멋스러워 만족스럽다.
4 하루 중 꼭 해야 할 일이나 그 날의 레시피, 간단한 메모를 적을 수 있는 작은 칠판을 현관 옆 복도 벽에 고정시켰다. 밋밋하고 허전한 벽을 활용해 실용적인 공간으로 재탄생시킨 아이디어가 빛난다.
5 모자란 책 수납을 위해 서재 데스크 위에는 벽걸이 책장을 설치했다. 책장 아래에 사무용 조명과 스탠드를 달았더니 혼자 공부할 때는 하나만 켜둘 수 있어 집중도도 높아졌다.

1   2   3   4   5

59

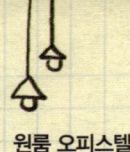

감각적인 소품으로 포인트 주기

내추럴한 스타일에 맞게 소품 또한 복잡하거나 컬러감이 튀는 아이템은 배제했다. 대신 심플하지만 디자인 감각이 멋진 소품이나 북유럽풍의 자연미가 느껴지는 것들로 자연스럽게 매치했다. 블루나 옐로, 그리고 패턴이 들어간 소품을 두어 지루하거나 밋밋한 느낌을 줄였더니 복잡하지 않으면서도 감각적인 공간이 되었다.

1

1 가구는 내추럴하고 심플하게

집중도를 요하는 서재에는 편안한 느낌을 주기 위해 내추럴한 가구를 매치했다. 원목과 무늬목의 자연미가 살아 있어 낯설지 않고 자연스럽다.

2

2 북유럽 감성의 자연주의 원목 헹거

부족한 옷 수납을 위해 들인 원목 헹거는 북유럽풍의 감각을 고스란히 느낄 수 있는 디자인으로 골라 공간에 포인트가 되도록 했다.

ONE ROOM

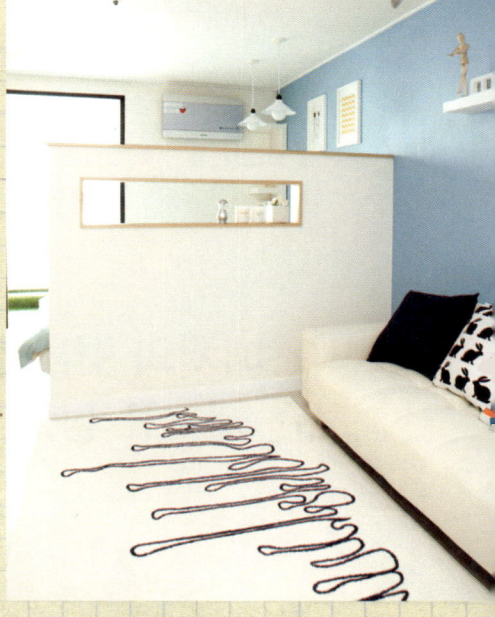

3 심플하지만 감각적인
패턴의 러그로 아늑하게

좀 더 아늑한 거실을 위해 러그를 들였다. 감각적인 패턴 덕에
밋밋하지 않고 스타일리시한 느낌을 준다. 러그를 고를 때 거실 소파의
디자인이나 컬러를 맞추면 공간이 보다 넓어 보인다.

4 자연주의 북유럽 패턴 액자

자연미가 느껴지는 일러스트 드로잉 액자와 컬러감이 살아
있는 패턴의 액자를 함께 놓아 다이내믹하면서도 멋스러운
벽면을 만들었다.

5 커플만의 특별한 하우스 네이밍

하우스 네이밍인 '만도룸'을 영문 철판으로 제작해 현관
벽면에 달았다. 그 위에 현관 센서 등을 달아 현관과
함께 비추도록 한 아이디어가 돋보인다.

Shopping Point

다이닝 테이블 의자 이케아 브랜드로
인터넷 쇼핑몰에서 5만 원대에 구입.

드레스 룸 원목 헹거 포홈 www.forhome.
co.kr에서 18만 원대에 구입.

거실 소파 시스디자인 www.sysdesign.
co.kr에서 30만 원대에 구입.

소파 쿠션 키티버니포니 www.
kittybunnypony.com와 포홈에서 각각
3~4만 원대에 구입.

One room

믹스매치의 멋을 살린
모던 레트로 싱글 룸 17평 56m²

CHECK POINT

형태 | 원룸 오피스텔
평형 | 17평 56m²
구조 | 거실 겸 방, 주방, 욕실
베란다 | 없음
시공 타입 | 셀프 스타일링

꼼꼼한 공간 구성과 이국적인 소품, 가구들로 넘치는 이곳은 여행과 독특한 소품 모으기가 취미인 이유례 씨의 첫 독립공간이다. 평소 좋아하던 레트로 스타일로 싱글 룸을 꾸미고 싶어 가구 선택이나 소품 매치에 보다 공을 들였다고. 자칫 무거워 보일 수 있는 레트로 스타일에 모던 스타일을 믹스해 톡톡 튀는 북유럽 감성의 소품들을 매치했다.

무엇보다 그녀의 원룸이 매력적인 이유는 다양한 공간 활용에 있다. 침실은 물론, 소파를 갖춘 거실, 주방, 그리고 다이닝 룸까지 모두 이 작은 공간에 있다. 게다가 공간별로 각기 다른 스타일을 추구해 공간을 철저히 구분하는센스를 발휘했다.

"침실은 편안한 공간으로 만들고 싶어 모던하면서도 수납력이 뛰어난 침대를 놓았고, 감각적 공간으로 꾸미고 싶었던 거실은 디자인 가구를 놓았어요. 주방과 다이닝 룸은 평소 아기자기한 북유럽 소품을 좋아해 소품 위주로 스타일링 했죠."

이 중에서도 단연 눈에 띄는 것이 현관 앞 파티션. 파티션을 따로 설치한 게 아니라 냉장고와수납장으로 파티션 역할을 대신한다.

공간 구성력 못지않게 뛰어난 컬러 매치 감각도 눈길을 끈다. 레드와 민트, 블랙, 우드 등 다양한 컬러를 매치하고 제브러와 그래픽 등 과감한 패턴을 더해 자신만의 스타일을 완성했다.

◆ 가방 디자이너 이유례
◆ 서울 강서구 등촌동 원룸 오피스텔
◆ jenni73kr.blog.me

침실은 편안한 공간으로 만들고 싶어
모던하면서도 수납력이 뛰어난 침대를
들였죠. 감각적 공간으로 꾸미고 싶었던
거실은 디자인 가구를 놓았어요.

공간별 스타일링 콘셉트 달리하기

Space 1

침실 + 창가

침실에 내추럴 갤러리를 들이다

우드 소재에 패턴 포인트의 패브릭을 더해
내추럴 모던 스타일의 공간을 연출했다. 옆쪽
창가 아래에 액자를 놓아 개성을 더했다.

Space 2

거실 + 미니 서재

소파와 테이블, 북 타워
모두 레트로풍으로

창을 마주 보는 자리에는 레트로풍의 소파와 테이블을
놓아 거실을 꾸몄다. 이국적인 느낌이 좋아 구입한
가리모쿠 인조가죽 소파와 테이블을 놓고, 소파 옆에
모던한 레드 컬러의 북 타워를 두니 미니 서재 완성!

Space 3

수납공간
**레트로풍의 그릇장으로
스타일링 감각까지**

거실 바로 옆에 둔 레트로풍 그릇장에는
빈티지 소품과 그릇 등을 올려 두었다.
모던 가구와 레트로 스타일의 가구가 만난
믹스매치 공간이다.

Space 4

주방 + 다이닝 룸
두 개의 테이블로 공간 분리 효과

주방과 다이닝 룸에는 두 개의 테이블을 두었는데
하나는 주방 살림 수납용이고, 다른 하나는 다이닝
테이블로 사용한다. 다이닝 테이블은 접이식
디자인으로 공간 활용도가 높다. 침실과 주방을
분리해 주는 역할도 톡톡히 한다.

space 5

붙박이 드레스 룸 + 현관
파티션과 이어진 복도 공간

현관 옆에는 수납을 위한 붙박이장이 설치되어 있다. 파티션 용도로
자리 잡은 수납장과 냉장고까지 이어져 복도 느낌이 난다. 입구는
공간이 좁아 보이지 않도록 소품을 두지 않았다.

디자인 감각을 살린 수납 아이템으로 스타일리시하게

부족한 수납공간은 다양한 수납가구를 이용했지만 수납에만 치우치지는 않았다. 디자인 감각이 뛰어난 가구나 수납 아이템을 선택했기 때문. 공들여 모은 북유럽 그릇과 소품은 레트로풍 그릇장에 보이도록 수납했고, 가방이나 모자도 타공 패널에 걸어두었다. 좁은 주방을 위한 주방용품 수납도 타공 패널을 이용했다.

1	2	
3	4	5

1 원하는 길이로 직접 제작한 타공 패널은 가방이나 모자를 걸어두기 좋다.
2 싱크대 바로 옆 벽을 활용해 자질구레한 주방도구를 보관하기 쉽도록 타공 패널을 설치했다.
3 거실과 수납공간을 분리하는 북 타워는 미니 서재의 역할을 한다.
4 창가 아래 남는 공간에는 좋아하는 액자를 놓아 미니 갤러리로 활용했다.
5 거실과 파티션 사이에는 다양한 아이템을 수납했다. 북 타워와 수납장, 타공 패널 등을 이용해 수납력을 높였다.

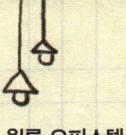

모던 & 레트로 & 북유럽 믹스매치 스타일링

평소에도 인테리어 소품 숍을 자주 찾고, 해외여행 시 빼먹지 않고 소품 쇼핑을 챙긴다는 이유레 씨. 심플한 디자인보다는 감각적이고 컬러감이 있는 아이템을 좋아하며, 최근에는 북유럽 소품에 푹 빠져 있다. 소품 데커레이션 시 컬러 조합에 가장 신경을 쓰는 편.

1

1 민트 컬러 스메그 냉장고로 이국적인 느낌 주기

컬러 매치를 좋아하는 그녀답게 냉장고도 색다른 아이템을 골랐다. 이탈리아 브랜드인 스메그의 파스텔 민트 컬러로, 집안 소품이 알록달록 원색이 많아 차분함을 주기 위해서 선택했다.

2 북유럽을 그대로 담은 선반과 찻잔

스트링 포켓 선반은 북유럽 인테리어에서 빠지지 않는 아이템이다. 그동안 하나둘 모은 북유럽 찻잔과 그릇 등을 함께 올려두었더니 집 안 분위기를 화사하게 만들어준다.

3 과감한 제브러 프린트로 변화 주기

과감한 프린트를 믹스해 색다른 감각을 보여준다. 화려한 제브러 프린트 쿠션을 소파에 매치하고 제브러 프린트 러그를 깔아 터프한 이미지를 더해 주었다.

3

2

4 고급스러움을 더해 주는
빈티지 소품

세월의 빛을 발하는 빈티지 스타일 소품은 그녀가 평소 아끼는 것.
클래식한 분위기까지 더해진 레트로 조명과 캐주얼한 느낌이 믹스된
벽시계가 멋스럽다.

4

5

5 다양한 재활용 병들이
멋진 소품으로

디자인이 예쁜 병은 멋진 소품이 되기도 한다. 특히
이국적인 잼 병이나 음료수 병은 평소 버리지 않고
모아두었다가 데커레이션에 활용한다. 다 먹고
난 음료수 병에 아이비 등 뿌리를 내리는 식물을
넣어두면 훌륭한 소품이 된다.

6 북유럽 그릇과 감각 있는 책들의 만남

평소 인테리어 관련 서적이나 디자인 관련 서적을 많이
보는 편. 북유럽 그릇을 넣어두는 그릇장에 함께 놓았더니
멋진 인테리어 소품이 되었다. 표지 디자인이 독특한 책을
선호하는 편이다.

6

Shopping Point

침대 베딩과 스트링 포켓 선반 루밍 www.rooming.co.kr에서 각각 20~30만 원대에 구입.
다이닝 테이블 소프시스 www.sofsys.co.kr에서 8만 원대에 구입.
레트로 그릇장 메스티지 데코 www.mesideco.co.kr에서 60만 원대에 구입.
레드 북 타워 이케아 브랜드로 9만 원대에 구입.
새 일러스트 액자 일러스트만 커먼키친 www.commonkitchen.co.kr에서 2~3만 원대에 구입.

one room

원룸으로 리모델링한
모던풍의 아파트먼트 17평 56m²

CHECK POINT

형태 | 원룸 스타일의 아파트
평형 | 17평 56m²
구조 | 침실, 거실 겸 서재, 주방, 욕실
베란다 | 없음
시공 타입 | 업체 리모델링

17평 아파트를 자신에게 꼭 맞춘 싱글 룸으로 완벽하게 변신시킨 서혜정 씨. 그녀는 좁은 공간에 벽과 문으로 갇혀 있는 구조를 과감하게 바꿔 공간의 답답함을 없앴다.

그녀가 정한 원칙 5가지가 있었다. 첫 번째, 막혀있는 공간을 트고 최대한 넓어 보이게 할 것. 두 번째, 컬러는 화이트를 기본으로 하고 레드를 포인트로 주며, 블랙을 살짝 넣어줄 것. 세 번째, 수납공간은 최대한 드러나지 않게 할 것. 네 번째, 가구는 최소화할 것. 다섯 번째 주방은 슬림하게 할 것. 우선 기존에 거실 겸 안방, 작은 방으로 되어 있던 구조의 벽을 터서 하나의 공간으로 만들었다. 이전의 거실 겸 안방은 거실과 서재공간으로, 작은 방은 창을 가리고 침실로, 주방은 붙박이장을 넣어 수납공간으로, 그리고 베란다는 미니 주방으로 변신시켰다.

가장 눈에 띄는 점은 바로 컬러다. 넓어 보이는 효과를 주기 위해 전체적으로 가구까지 화이트로 통일했다. 대신 샹들리에나 현관 등, 소품 등에 레드 컬러 포인트를 주어 경쾌하고 밝은 싱글의 느낌을 더했다. 여기에 블랙 컬러를 부분적으로 넣어 안정감을 더해 주며 균형을 맞췄다.

"원래 레드 컬러를 아주 좋아해요. 리모델링할 때 꼭 레드 컬러를 넣기로 결심했죠. 집이 너무 강렬해 보이지 않을까 걱정했는데 부분 소품으로 포인트를 주니 집도 감각적으로 보이고 밝은 느낌까지 줄 수 있어서 만족해요."

◆ 에디터 서혜정
◆ 경기 분당구 정자동 아파트
◆ 시공 인테리어 스타일리스트 이지은
◆ blog.naver.com/rx7girl

베이스 컬러는 화이트, 여기에 레드를 포인트로
넣고 블랙을 살짝 더했어요. 레드와 블랙의 세련된
컬러 매치가 모던한 분위기로 만들어주죠.
컬러 매치는 정말 중요한 것 같아요.

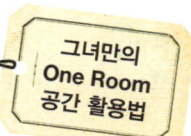
벽을 허물어 공간을 두 배로 넓어 보이게

Space 1

확장 베란다에 둔 서재 + 주방

베란다를 이용해
2가지 공간을 함께

확장한 베란다 공간에는 벽 쪽과 창문
아래쪽에 붙박이 책장을 설치하고 거실을
바라보도록 넓은 책상을 두었다. 맞은편
베란다에는 거실과의 공간 분리를 위해
가벽을 설치하고 베란다 쪽으로 싱크대를
두어 미니 주방을 만들었다.

Space 2

거실

최소한의 가구로 보다 넓어 보이게

원래 거실 겸 방이었던 공간의 벽과 문을 허물고
널찍한 거실을 마련했다. 왼쪽 벽면에는 레드와
화이트를 믹스한 붙박이장과 AV공간을 마련했고,
오른쪽 벽면에는 그레이 컬러의 벽지로 차분하면서도
고급스러움을 주고 3인용 화이트 소파를 두었다.

space 3

침실

창을 없애고 벽을 설치해 아늑한 침실로

침실인 이곳은 원래 작은 방이었다. 아파트 복도
쪽으로 작은 창이 있었는데 창을 없애고 벽을 하나
더 설치해 작은 침실을 완성했다. 침대 맞은편에는
심플한 화장대 하나만 두었다.

space 4

욕실

공간을 넓어 보이게 하는 슬라이딩 도어와 거울

욕실은 기존 욕실 위치를 그대로 두고 문만 슬라이딩 도어로
바꾸었는데 문 전체에 거울을 설치해 집 안이 더 넓어 보인다. 욕실은
샤워를 할 수 있는 공간과 세면대와 변기가 있는 공간을 구분해
한쪽은 건식으로 활용할 수 있도록 했다.

space 5

현관 + 드레스 룸 공간

수납을 위한 긴 붙박이장 설치

욕실 맞은편에 붙박이장을 설치해 옷을 보관할 수 있는
드레스 룸을 겸하고 세탁기도 붙박이장 안으로 들였다.
현관에는 철지난 신발을 보관하기 좋은 신발장과 자주
신는 신발을 두기 좋은 유리 선반을 함께 설치했다.

남은 공간에 수납 아이디어를 더하라

그녀의 원룸은 수납이란 따로 공간을 만드는 것이 아니라 남은 공간에 아이디어를 더하면 된다는 것을 여실히 보여준다. 침대 맞은편 작은 공간에 맞춰 짜 넣은 화장대는 슬림하지만 기능적이다. 화장대 스툴에 드라이어 등 소품을 넣어두는가 하면, 화장대 거울 문을 열면 사랑스러운 공주풍의 액세서리 보관대로 탈바꿈한다. 침대 밑 공간과 베란다 창 밑, 벽 쪽에도 수납장을 짜 넣어 책을 보관하게 만들었다.

1 베란다 공간 한쪽에는 서재를 만들었다. 낮은 책장을 놓아 채광에 신경쓴 점이 눈에 띈다.
2 베란다 창 밑과 벽에 맞춤 수납장을 넣어 많은 책과 DVD 등을 효과적으로 수납했다.
3 화장대 거울 안에는 비밀 공간이 숨어 있다. 거울을 열면 많은 액세서리를 보관할 수 있는 액세서리 보관함이 나타난다.
4 침대 밑 공간에는 자기 전에 자주 읽는 책을 넣어두었는데 베란다와 침대 밑으로 나눠서 책을 수납하니 복잡하지 않다.
5 세탁기는 벽 쪽 붙박이장으로 쏘옥 넣었다. 겉으로 드러나지 않아 집 전체가 깔끔해 보이고 세탁 소음도 줄일 수 있다.

1   2   3   4   5

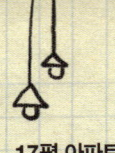

컬러를 통일하고 포인트 소품으로 강렬하게

집 가구와 소품은 대부분 리모델링할 때 직접 맞춘 가구이거나 주문한 소품들이다. 인테리어 스타일리스트와 꼼꼼하게 상의해 어디에 무슨 가구와 소품을 둘지 하나하나 세심하게 생각하고 골랐다. 서재 책상과 의자, 샹들리에 거실 등, 수납 장 벽에 부착된 클래식 전화기, 액자까지 모두 전체 스타일링을 고려해 고른 것들. 처음부터 집 구조나 가구와 맞췄기 때문에 스타일링이 세련되고 감각적으로 살아난다.

1 컬러를 맞춘 욕실 슬라이딩 도어와 타일

욕실 슬라이딩 도어에는 거울을 설치했는데 테두리에는 역시 레드 컬러로 포인트를 주었다. 욕실 안 둥근 레드 타일과 함께 욕실에 스타일링 포인트가 되었다.

2 거실 포인트 소품으로 발랄하고 경쾌하게

화려한 레드 샹들리에, 클래식하면서도 빈티지한 전화기, 그리고 거실 소파 쿠션은 디자인 감각이 살아 있는 것으로 골랐다. 화이트 톤의 심플한 가구 사이에서 여성스러움을 더해 준다.

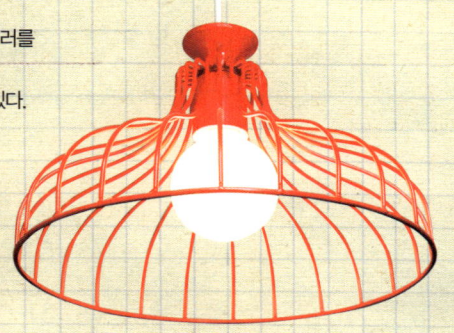

3 이국적인 현관 센서 등

지나치기 쉬운 현관에도 그녀의 남다른 감각이 드러난다. 컬러를
맞춘 레드 센서 등은 이국적이면서도 여성스러운 분위기를
자아낸다. 집 안에 들어서는 순간 기분이 좋아지는 효과도 있다.

4

3

4 침대 위 천정에는 화이트 캐노피

침실에는 좀 더 사랑스러운 느낌을 주고 싶어 캐노피를
달았다. 천정에서 아래로 늘어지듯이 달았지만 하늘하늘한
소재라 전혀 답답해 보이지 않는다. 집이 좁다면 캐노피를
천정에 다는 것도 방법이다.

5 허전한 벽면에
감각적인 시계로 변화 주기

욕실과 침실 사이의 벽면은 화이트로 칠해 놓고 보니 다소
심심한 느낌이 들었다. 그래서 선택한 것이 나비 시계.
장식효과뿐 아니라 시계로 활용할 수 있어 실용도가 높은
아이템이다.

5

Shopping Point

전화기, 나비 시계 모두 인테리어
스타일리스트 소장품으로, 전화기는
미국에서 20만 원대에 구입. 나비 시계는
지인에게 선물받은 것.

침대 배딩 리모델링할 때 여러 가지
스타일로 주문한 것.

책상, 침대 맞춤 제작한 것.

거실 레드 냉장고 삼성전자 제품.

작지만 넓게 쓰는 원룸 인테리어 TIP

방이 구분되지 않고 침실, 거실, 주방 등이 한 공간에 모여 있어 너무 좁아 보인다고
생각한다면 여기, 두 배는 넓게 쓰는 비법에 귀 기울여 보자. 벽지나 바닥, 가구, 소품
만 잘 골라도 공간은 훨씬 넓어진다. **도움말** | 인테리어 스타일리스트 이지은 blog.naver.com/rx7girl

원룸 넓게 쓰는 공간 분리 노하우

- -

1 현관과 메인 공간을 분리
원룸의 단점은 현관에 들어서면 공간이 한 눈에 다 보여
프라이버시를 지키기 힘들다는 점이다. 현관문을 열었을
때 자신만의 비밀스런 공간이 타인에게 쉽게 노출되는
것도 피하는 것이 좋다. 수납장이나 책장, 냉장고 등으로
파티션을 만드는 것을 고려해 보아야 한다.

2 침실, 서재, 주방 등 용도별로 분리
한 공간이지만 잠자는 공간, 일하는 공간, 독서하는 공간
등 라이프스타일에 따라 공간을 구분해야 한다. 일례로
일하는 공간인 작업실과 침실이 분리되어 있지 않으면
일의 능률도 오르지 않고 제대로 휴식도 취하지 못하는
경우가 많아진다. 생활공간에서 작업실을 가져야 하는
원룸이라면 반드시 침실이나 거실과 공간을 구분하는 게
좋다.

3 러그나 카펫 등으로 공간 나누기
서랍장이나 책꽂이 등 가구 대신 공간을 나누기 좋은
소품은 바로 러그나 카펫 등이다. 침대와 이어지도록
러그를 깐다든 지 거실에 소파 테이블 밑에 러그를 깔아
바닥을 구분하는 것만으로도 공간이 나뉜 느낌이 난다.

좁은 공간, 똑똑한 가구 선택법

- -

1 키 낮은 가구
한 공간에 다양한 가구가 들어가는 만큼 키 큰 가구들이
많아지면 공간은 점점 작아 보이기 마련이다. 침대나
테이블, 수납장 등 가구를 고를 때 키가 낮은 스타일을
고르는 것이 현명하다. 그리고 시야 정면을 가로막지
않고 벽 쪽으로 가구를 배치하는 것도 방법이다.

2 모듈형 가구 고르기
구조를 이리저리 바꿀 수 있는 모듈형 가구는 공간
활용에 아주 효과적이다. 구조에 따라 모양을 변경할 수
있는 디자인의 책장이나 소파 등을 골라 보자. 소파와
침대를 하나로 사용할 수 있는 소파 베드도 추천할
만하다.

3 수납기능을 갖춘 가구 고르기
수납을 위해 따로 공간을 만들려고 하지 말고
수납기능이 뛰어난 가구를 골라 보자. 이를테면 침대
밑에 서랍이 있다든지. 스툴 헤드를 열면 수납공간이
나오는 디자인 가구들이 적당하다.

4 비어 있는 벽면을 활용하되 심플하게
큰 책상 대신 선반을 활용하는 것도 방법이다. 다만 이때
중요한 건 선반 위에 올려둔 책이나 장식품 때문에 집이
더 좁아 보일 수 있다는 것. 선반에는 물건을 너무 많이
올리지 말아야 한다. 책의 경우에는 컬러 톤을 맞추면
한결 깔끔하다.

3

간단한 셀프 인테리어로 변신

----

1 조명, 싱크대 손잡이 등
원상복구 가능하게

전세나 월세가 대부분인 원룸은 셀프로 인테리어를
진행할 시 집주인의 동의가 절대적으로 필요하다. 만약
동의를 얻기 힘들다면 원상복구가 가능한 아이템으로
교체하면 된다. 손잡이나 조명 등 이사 갈 때 다시
처음처럼 바꿀 수 있는 아이템만 바꾸는 게 현명하다.

2 액자나 그림은 벽에 걸지 말고
바닥에 두기

못을 박기 힘들다면 액자나 그림은 벽에 걸지 않고
바닥에 두는 것도 멋스럽다. 선반의 경우도 달기 힘든
상황이라면 못을 박지 않아도 되는 지지대를 이용한
선반을 구입해서 설치하면 된다.

3 벽 페인팅 시 벽지 전용 페인트로

벽에 도배를 새로 하지 않고 페인팅을 하기로 했다면
벽지를 떼어 내지 않고 벽지용 페인트를 구입해
바르면 된다. 벽지를 떼고 페인트를 바르면 이사 갈 때
원상복구가 되지 않아 문제가 될 수 있으므로 전세나
월세일 경우 주의해야 한다.

4 주방 싱크대 시트지나 페인트로 변신

원룸의 분위기를 좌지우지 하는 것 중 하나가 바로
싱크대다. 주인의 동의를 얻었다면 오래된 주방
싱크대를 변신시켜 보자. 싱크대 문에 시트지를
붙이거나 페인팅만 새로 해도 분위기가 살아난다.
화이트나 파스텔 톤 컬러가 깔끔하고 넓어 보인다.

꼼꼼 체크!
현금 고르는 방법

● **창문이 크고 채광이 좋은가**

원룸 건물들은 다닥다닥 붙어 있는 경우가 많아 창을 열
면 바로 옆 건물이 보이는 등의 단점이 있을 수 있다. 다
른 건물에 막혀 있으면 답답하고 사생활이 노출되거나 낮
에도 전기를 켜두어야 하는 불편이 있을 수 있다. 그러니
꼭 집은 낮에 보러 가는 것이 현명하다.

● **붙박이장 등 빌트인 구성 확인**

공간이 좁은 만큼 빌트인 사항부터 체크한다. 붙박이장이
나 세탁기, 냉장고 등이 빌트인되어 있다면 굳이 공간을
할애할 필요가 없으므로 보다 쾌적하게 생활할 수 있다.
특히 붙박이장 공간이 넓은 곳은 수납할 공간이 넓어지므
로 훨씬 유용하다.

● **베란다가 있는 곳이 좋아**

공간 활용도나 수납을 위해서라면 베란다가 있는 원룸이
훨씬 생활하기 편리하다. 붙박이장이 없다면 드레스 룸을
베란다에 따로 둘 수 가 있고 수납장을 넣어 잘 쓰지 않거
나 철지난 물건들을 보관하기 쉽다.

● **현관에서 침실 공간이 보이지 않는 구조**

원룸은 현관을 열었을 때 사생활이 쉽게 노출될 수 있다.
침실이 현관에서 멀리 떨어져 있거나 현관에서 꺾어서 들
어가는 구조라 침실이 노출되지 않는 곳을 선택하는 것이
좋다. 만약 여의치 않다면 파티션을 설치하기 유용한지
따져 보아야 한다.

two room

완벽하게 분리된 공간을 원하거나 신혼부부, 혹은 아이가
있는 가족에게 가장 적합한 구조인
투 룸. 작은 평수이지만 큰 평수처럼 공간을 분리해
활용할 수 있고 각자의 프라이버시도
지킬 수 있어 인기가 높다.
여기, 다양하게 투 룸을 활용한 공간을 소개한다.

뉴욕 감성의
빈티지
싱글 하우스

13평 42m²

CHECK POINT

형태 | 다세대 빌라
평형 | 13평 42m²
구조 | 방 2, 주방, 욕실
베란다 | 없음
시공 타입 | DIY + 셀프 스타일링

생활공간과 작업실, 그리고 스튜디오까지 한 곳에서 해결할 수 있는 멋진 싱글 하우스를 꿈꿨던 홍자영 씨. 싱글 생활 11년 만에 그 꿈이 이루어졌다. 한 달 동안 오로지 혼자만의 힘으로 완성한 이 공간은 화이트와 블랙, 그리고 그레이 컬러가 도시적인 이미지를 주는 뉴욕 인더스트리얼 스타일의 하우스다.

기존 구조에서 방 2개 중 하나는 생활공간인 침실로, 나머지 하나는 오픈 준비 중인 쇼핑몰 촬영 스튜디오로 결정했다. 대체로 넓은 편인 주방은 작업실 겸 사용하기로 했다. 20년이 넘는 빌라를 완전히 바꾸기 위한 첫 번째 작업은 페인팅과 바닥 작업. 집 전체 벽과 천정은 리얼 화이트 컬러로 페인팅하고, 바닥은 짙은 브라운 컬러의 데코타일을 깔아 무겁지 않게 중심을 잡아주었다. 옥색 타일이 있던 주방은 무광택의 블랙 타일로 덧방작업을 한 뒤 핸디코트로 빈티지하게 마무리했다.

"셀프 인테리어로 진행할 계획이라면 이사 날짜를 잘 조절해서 벽과 바닥은 미리 마무리 한 후에 이사를 하는 것이 현명해요. 작업 후에는 충분한 건조 과정이 필요하거든요."

원래 구상했던 뉴욕 빈티지풍 스타일에 맞게 가구도 철재를 주로 매치했지만 삭막한 느낌을 덜기 위해 우드 소재를 믹스했다. 생활공간인 침실은 우드 소재의 비중을 높여 편안하고 따스한 이미지를 더해 주었다.

◆ 쇼핑몰 CEO 홍자영
◆ 서울 중구 광희동 다세대 빌라
◆ blog.naver.com/peepingtom_h
◆ www.commaand.co.kr

철재 가구가 주는 빈티지하면서도 이국적인 멋은
우리 집의 인테리어 포인트죠. 빈티지하면서도 세련된, 절제된
감각을 표현하고 싶었어요. 화이트 컬러와도 잘 어울려요.

미닫이문을 떼어 내 시야를 탁 트이게

Room 1

침실 + 드레스 룸
공간을 분리한 침실과 드레스 룸

벽 쪽으로 헹거를 설치하고 레일을 달아 커튼을 달았더니 감쪽같이 침대와 공간이 분리되었다. 방문 옆에는 찬넬 선반을 달아 화장대 겸 선반으로 이용한다.

Etc 1

주방 + 작업실
워킹 걸을 위한 작업실 만들기

생활공간보다는 일하는 공간에 비중을 두었기 때문에 주방에는 따로 식탁이나 아일랜드 테이블을 두지 않았다. 대신 남는 공간에 큰 작업용 테이블을 두고 컴퓨터와 선반을 설치해 작업실로 활용했다.

two room

Room 2

쇼룸 + 스튜디오
쇼핑몰 촬영을 위한 쇼룸

원래 있던 미닫이문을 떼어 오픈시키고
쇼룸으로 활용하기 위해 헹거와 철제
선반을 들였다. 천정에는 촬영하기
좋은 스팟 조명을 달아 쇼핑몰 촬영
스튜디오의 면모를 갖췄다.

E+c 2

욕실 + 세탁실
셀프 페인팅으로 재탄생한 공간

세탁실이 따로 없어 욕실 안쪽으로 세탁기를 두고 샤워커튼을
달아 공간을 분리했다. 샤워할 때 물이 세탁기나 변기에 닿지
않도록 하기 위한 것. 공간도 분리되고 세탁기를 가려둘 수 있어
아주 실용적이다.

정형화된 공간을 탈피하다

좁은 공간을 보다 넓게 쓰는 그녀만의 노하우가 있다면 바로 공간 개념의 탈피라고 할 수 있다. 좁은 욕실을 대신해 욕실 입구 부분에 캐비닛을 두고 수건부터 자질구레한 욕실용품을 넣어둔 것도 좋은 예. 침대 밑 공간을 활용해 옷을 따로 보관하는 센스도 발휘했다.

1 문 쪽에서 잘 보이지 않는 방문 옆 벽에는 찬넬 선반을 달아 화장대 겸 미니 책장으로 이용한다.
2 냉장고와 벽 사이 공간에 원래 수건걸이로 쓰려고 했던 봉을 달고 조리도구를 걸어두었다.
3 주방 한쪽 작업실로 쓰는 공간은 현관 바로 옆이라 오픈형 선반장을 두어 공간을 분리하고 사무용품을 수납할 수 있도록 했다.
4 욕실용품은 문 밖 철제 캐비닛을 활용하기로 했다. 욕실용품과 세탁용품까지 수납할 수 있고 캐비닛 위에는 수건 보관함을 두었다.
5 철지난 옷이나 이불, 가방을 보관하기 위해 따로 수납장을 구입하려다가 지퍼형으로 된 수납함을 보고 침대 밑을 활용하기로 했다.

1　　2　3　4　5

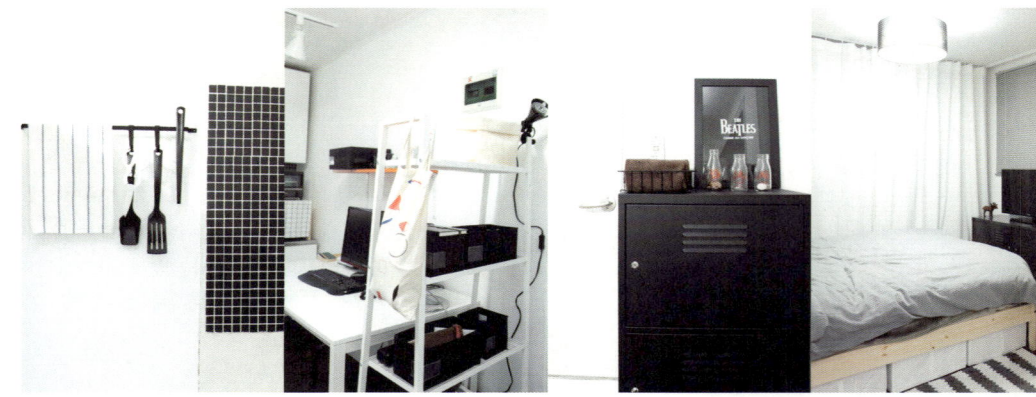

톤 온 톤으로 매치한 공간 꾸미기

그녀의 공간은 리모델링에서 스타일링까지 모든 것이 셀프로 완성되었다. 셀프이지만 업체에서 시공한 듯한 완벽함이 묻어난다. 여기엔 그녀만의 남다른 노하우도 있지만, 자신만을 공간을 위해 도매시장 곳곳을 돌아다닌 노력이 숨어 있다.

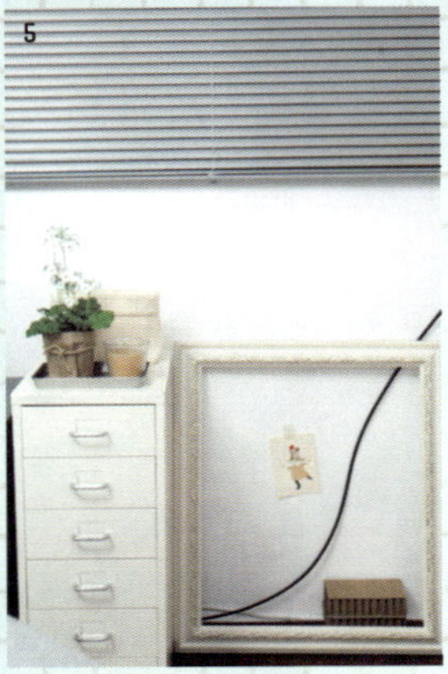

Shopping Point

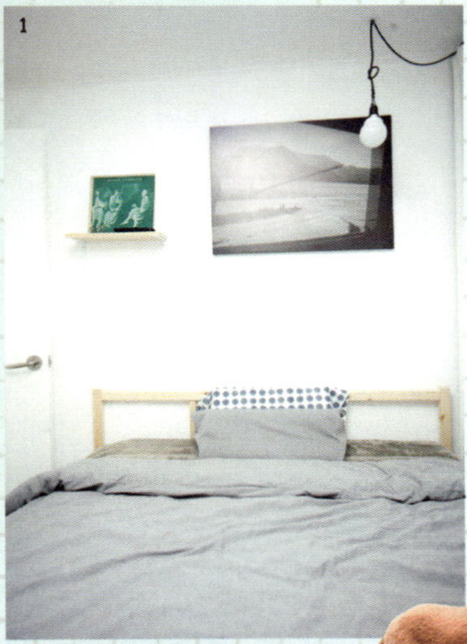

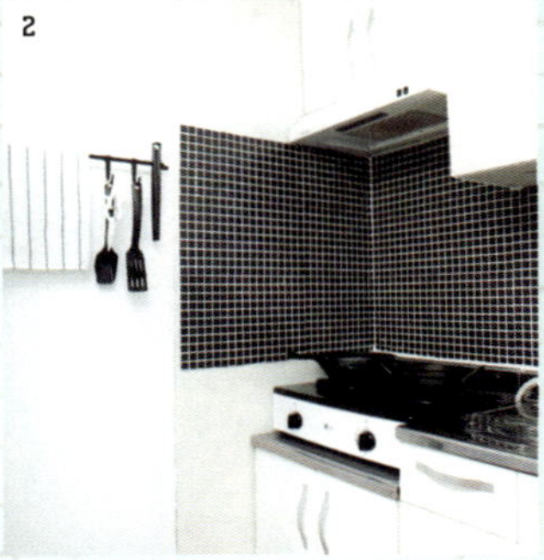

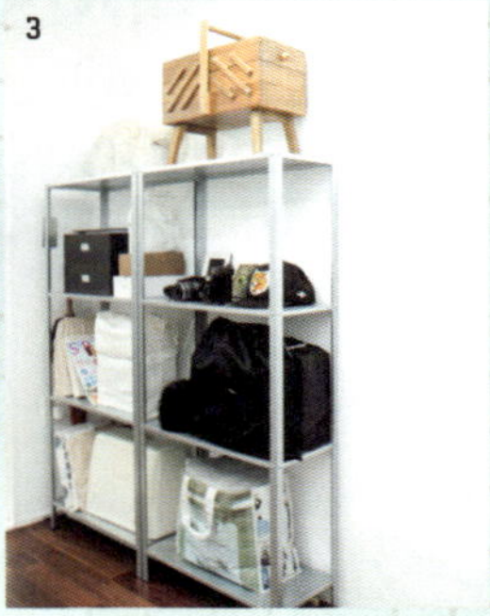

침실 블랙 패브릭, 복도 블랙 펜던트 조명 까사라이트 www.casalight.co.kr에서 각각 10만 원대, 2~3만 원대에 구입.

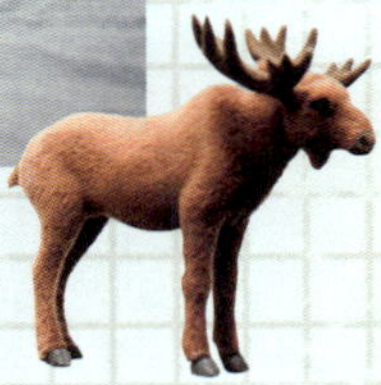

욕실 앞 블랙 캐비닛 이케아 브랜드로 인터넷 쇼핑몰에서 10만 원대에 구입.

침대 베딩 무인양품 브랜드로 세일할 때 10만 원대에 구입.

화장대 의자 이케아 브랜드로 인터넷 쇼핑몰에서 6만 원대에 구입.

침실 러그 프랑프랑 제품으로 2~3만 원대에 구입.

1 선반은 목재를 주문해 직접 달았고, 흑백 포토 액자는 남자친구가 찍어준 사진을 출력한 후 액자만 주문해서 만들었다. 보조 조명도 전구, 중간 스위치, 소켓 등을 모두 따로 주문해 설치했다. 2 기존에 있던 타일을 잘 닦아 타일용 접착제를 바르고 블랙 타일을 그 위에 붙였다. 완전히 마르고 나면 줄눈제를 발라주고 꾸덕꾸덕해질 때 살짝 젖은 수건으로 닦아 낸다. 3 철제 선반은 빈티지하면서도 시크한 느낌을 주기 때문에 선호한다. 액세서리 등 패션 소품을 더스트 백이나 수납함에 넣어 보관하면 내추럴한 멋이 난다. 4 앙증맞은 순록 소품을 딱딱한 느낌의 철제 수납함 위에 올려두니 삭막함을 덜어준다. 5 버려져 있던 액자를 가지고 와 프레임만 떼어 내고 잘 닦아 침실 벽에 두었더니 그대로 오브제 느낌이 나 색다르다.

two room

패브릭 액자로
재탄생한
오래된 빌라 작업실 15평 49m²

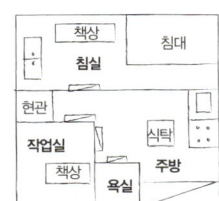
드로잉제이. 알록달록한 원단으로 멋진 패브릭 액자를 만드는 김수진 씨의 또 다른 이름이다. 2년 전까지만 해도 조경 회사를 다니다가 우연히 여동생의 결혼선물로 줄 패브릭 액자를 직접 만들면서 '바로 이 일이다'라는 생각에 과감히 이직을 했다. 알록달록한 패브릭 원단을 가위로 자르고 테이프로 붙여 가며 하루 종일 작업실에서 산다.

다양하고 화려한 패턴의 원단이 가득한 작업실은 그녀가 친구와 함께 살고 있는 집 속에 있다. "방 2개, 주방, 욕실이 있는 작은 빌라가 제가 사는 공간이에요. 이곳에 작업실이 있죠. 처음에는 침실에 작업대를 놓고 일을 했었는데 액자를 만들다 보니 침실이 엉망이 되기 일쑤였죠. 그래서 드레스 룸으로 쓰던 작은 방을 작업실로 바꾸고 침실은 휴식을 위한 공간으로 바꿨어요."

작업대로 쓰던 기존의 테이블에 다이닝 테이블까지 작업실로 옮겨 꽤나 큰 작업대를 완성했다. 작업대 아래는 패브릭으로 커튼을 만들고 작업 용품을 수납할 수 있는 공간을 만들었다. 그녀는 필요한 모든 가구나 소품을 뚝딱뚝딱 혼자 힘으로 만든다. 가구에 필요한 재료도 모두 재활용이다. 동네를 돌아다니며 주운 낡은 가구나 소품을 새 아이템으로 변신시킨다. 침실 벽면에 있는 큰 선반도 원래 쓰던 옷장 문짝을 떼어 낸 뒤 선반 다리만 주문해 만들었고, 주방 벽면 선반도 옷장 수납장 부분을 떼어 내 페인팅을 하고 벽에 달았다. 역시 길가에서 주운 자석 칠판에 스펀지를 붙인 후 원단을 씌워서 멋진 다리미대도 만들었다.

가구나 인테리어 소품 DIY를 즐기는 것처럼 집 안 인테리어도 수시로 바꾸기를 즐긴다. 이 작은 집이 그녀의 실험 무대다. 뚝딱뚝딱… 오늘도 그녀의 셀프 인테리어는 진행 중이다.

◆ 쇼핑몰 CEO 김수진
◆ 서울 강남구 논현동 빌라
◆ www.drawingj.co.kr
◆ restcomma.blog.me

다양한 그림이 있는 패브릭 액자는 손쉽게
집 분위기를 바꿀 수 있는 아이템이에요. 빈티지, 북유럽,
로맨틱 등 원하는 스타일의 그림만 고르면 되니까요.
가벼운 캔버스를 이용하니 못질하기 어려운 전세나
월셋집에도 딱이에요.

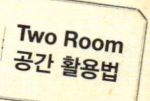

한정된 공간을 아이디어 하나로 넓게

Room 1

침실 + 파우더 룸
침대 헤드로 공간 분리

침실에 컴퓨터를 사용하는 공간이
공존하기 때문에 공간 분리가 필요했다.
더구나 친구와 함께 사용하기 때문에
수면시간이 다를 때에는 개인의
취침시간을 존중해 주어야 했다. 큰 침대
헤드를 이용해 컴퓨터 테이블 쪽으로
헤드를 놓고 공간을 나눴다.

Etc1

주방
냉장고로 주방 분리, 디스플레이 공간 확보

냉장고로 공간을 분리하고 긴 패브릭으로 가려주었다. 원래
냉장고 자리였던 벽 쪽은 공간이 많이 남아 화분을 놓아 미니
가든으로 만들고 벽에는 선반을 달고 패브릭 액자를 걸어
디스플레이 공간으로 만들었다.

two room

Room 2

작업실 + 옷장

일을 위해 만든 작업실에 옷장 넣기

옷장을 작업실 한쪽 벽에 두고 대신 옷장 문을 패브릭
액자를 걸어 작업실과 동떨어져 보이지 않게 만들었다.
작업실에는 작업용 원단을 수납할 수 있도록 수납장까지
넣어 공간을 알차게 활용했다.

E+c 2

욕실 옆 공간

포인트 컬러 가구로 변화 주기

현관에서도 바로 보이는 작은 복도도 멋진
디스플레이 공간으로 꾸몄다. 화이트 벽지와 바닥만
보이던 이곳에 포인트 컬러 가구를 놓고 소품을 올려
마무리했다.

벽면을 활용해 직접 만든 패브릭 액자 전시

패브릭 액자를 만드는 만큼 전시해두는 디스플레이 공간도 많이 필요하다. 하지만 10평대의 좁은 집에 디스플레이 공간을 따로 두는 건 불가능. 그래서 벽면을 효과적으로 활용하기로 했다. 작업실 한쪽 벽에 다양한 패브릭 액자를 걸어두거나, 선반으로 재활용한 건조대용 헹거에 올려두었다. 침실과 주방 벽에도 액자를 걸어두었다.

1 작업대 맞은 편 벽면을 활용하기로 하고 쓰지 않는 건조대용 헹거를 설치해 선반처럼 사용 중이다.
2 작업대 오른쪽 벽면은 크기가 다른 패브릭 액자를 디스플레이해 작업실을 찾은 손님에게 직접 볼 수 있는 공간을 만들었다.
3 굳이 액자를 만들지 않고 원단의 일부만 잘라 벽에 붙여주어도 멋진 액자처럼 보일 수 있다.
4 주방과 욕실 사이의 데드스페이스에는 핑크와 블루 컬러의 산뜻한 매치가 눈에 확 들어오는 수납장을 두었다.

1

2   3   4

two room

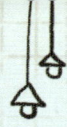

재활용으로 리폼해 완성한 공간

필요한 아이템이 있으면 만들기부터 먼저 생각한다. 필요한 재료도 새것으로 준비하지 않고 재활용 아이템을 찾아 리폼한다. 저렴한 재료와 가지고 있는 자투리 원단으로 꼭 필요한 것들을 뚝딱 만들어 낸다. 두꺼비집 가리개도 치수를 잘 못 재서 남은 자투리 원단으로 만들었고, 화장대 겸 수납장도 공간박스를 페인팅하고 문을 달아 리폼했다.

● **작업실 옷장 위 가리개**
잡동사니를 올려둔 옷장 위를 커버하기 위해 폼포드지와 원단을 이용해 가리개를 만들었다.

● **침실 선반과 주방 선반**
이사 올 때 버리려고 둔 옷장의 문과 서랍장을 떼어 내 선반으로 리폼했다.

● **아늑한 조명으로 교체**
침실을 아늑한 분위기로 만들고 싶어서 기존에 있던 조명을 떼어 내고 셀프로 조명을 설치했다.

● **벽과 방문, 싱크대 리폼**
칙칙한 옥색의 방문과 칙칙했던 벽, 싱크대 문은 모두 화이트 페인트로 칠했다.

● **작업대**
주워 온 큰 합판에 원목 다리를 따로 주문해 달아서 작업대로 만들었다.

1 침실 선반 아래에는 와이어를 연결해 미니 안경 수납공간을 만들었다. 안경과 소품, 달력 등을 걸어두었다.
2 옷장 위 빈 공간의 크기를 잰 후 폼포드 지 3장을 자르고 원단 모양에 맞게 다시 말 모양으로 구멍을 만들어준 후 패브릭을 안쪽에서 덧댔다.
3 먼저 두꺼비집을 내리고 기존 등을 철거한다. 철거하고 남은 전선 2가닥을 새 조명과 연결해 주고 전기 테이프로 꼼꼼하게 감아준다. 그런 다음 조명 고정판을 달고 전구를 끼운다.

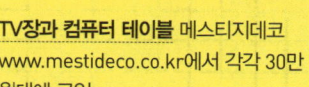

Shopping Point

TV장과 컴퓨터 테이블 메스티지데코 www.mestideco.co.kr에서 각각 30만 원대에 구입.

침실 조명 티랩 www.ti-lab.com에서 10만 원대에 구입.

침실 커튼과 베딩 슈가홈 www.sugarhome.com에서 각각 10만 원대, 30만 원대에 구입.

현관 칠판 이케아 브랜드로 길거리에서 주워 온 것.

two room

그래픽 스티커로 꾸민
퍼니 스페이스

17평 56m²

DRESS ROOM

CHECK POINT

형태 | 다세대 빌라
평형 | 17평 56m²
구조 | 방 2, 주방, 욕실
베란다 | 없음
시공 타입 | 셀프 스타일링

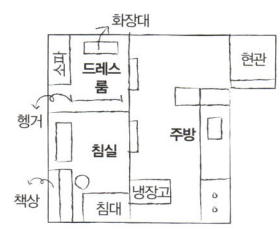

현관을 들어서자 예사롭지 않은 컬러에 시선이 간다. 강렬한 레드 컬러의 주방 싱크대, 옅은 그린 컬러의 벽이 집 주인의 컬러 감각을 보여준다. 화사한 햇살과 함께 컬러의 경쾌함을 담은 이 집은 쇼핑몰을 운영하는 디자이너 이주영 씨의 싱글 하우스다.

"예전엔 내 집이 생기면 예쁘게 꾸미고 전세일 때는 대충 살까도 생각했는데 사실 내 집 마련이 쉽지도 않고 무엇보다 예쁜 집에서 살고 싶었어요. 그래서 집 꾸미기가 허락되는 집을 찾아 나섰죠."

집주인의 든든한 지원(?)하에 그녀의 집 꾸미기는 시작되었다. 먼저 현관에서 바로 만나는 방은 드레스 룸 겸 파우더 룸으로, 주방 겸 거실은 주방으로만, 좁은 통로를 지나 정면에 만나는 방은 침실로 쓰기로 했다.

집을 찬찬히 둘러보다 보면 재밌는 아이템이 하나 보인다. 바로 벽을 장식한 그래픽 스티커. 침실, 그리고 드레스 룸 벽면을 차지하고 있는 그래픽 스티커는 좁은 집을 넓게 보이게 하기 위해 고른 시크릿 아이템이다. 침대에는 둔탁한 침대 헤드를 버리고 프레임 스티커를 붙여 공간이 답답해 보이지 않게 했다. 침실 한쪽 벽면에는 로맨틱한 옷장 그래픽 스티커를 붙인 뒤 고리를 고정시켜 실제 옷을 걸어두기도 한다. 화장대 대신 화장대 그래픽 스티커를 붙이고 선반만 달아 화장대를 올려둔 것도 이색적이다. 액자 프레임의 그래픽 스티커 안에 실제 액세서리를 걸어두도록 고리를 넣었다.

◆ 쇼핑몰 CEO겸 디자이너 이주영
◆ 강원 원주시 단계동 빌라
◆ ingrigo2010.blog.me(www.ingrio.com)

침실엔 키가 높은 가구를
들이지 않았어요.
답답하고 좁아 보이기 때문이죠.
컬러도 2~3가지 이상 넘지 않아야
산만해 보이지 않아요. 가구를 들이기
힘들다면 그래픽 스티커로 가구의
느낌을 주는 것도 방법이에요.

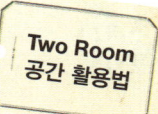

Two Room 공간 활용법

용도별 공간 분리를 확실하게

침실
편안한 휴식만을 위한 분리된 공간

침실은 오롯이 휴식을 위한 공간. 가급적 심플하면서도 안락한 느낌을 주기
위해 소품도 많이 두지 않았다. 큰 침대와 레드 컬러의 키 낮은 서랍장, 그리고
노트북을 올려두는 책상이 전부다.

Etc 1

주방
유쾌함을 담아 기분 좋은 다이닝 룸까지

이사 오기 전 주방은 오래된 싱크대와 칙칙한 분위기로
집 안을 더욱 어둡게 만들었다. 우선 싱크대 문짝을 모두 떼어
내고 레드 컬러의 시트지로 꼼꼼하게 붙인 뒤 벽면에 화이트
컬러 타일을 새로 붙였다.

two room

Room 2

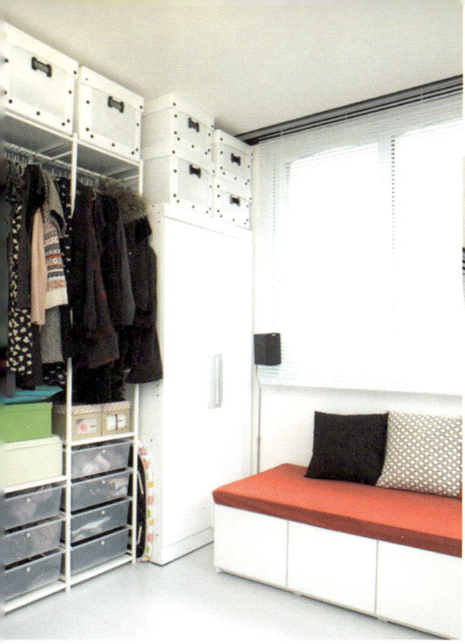

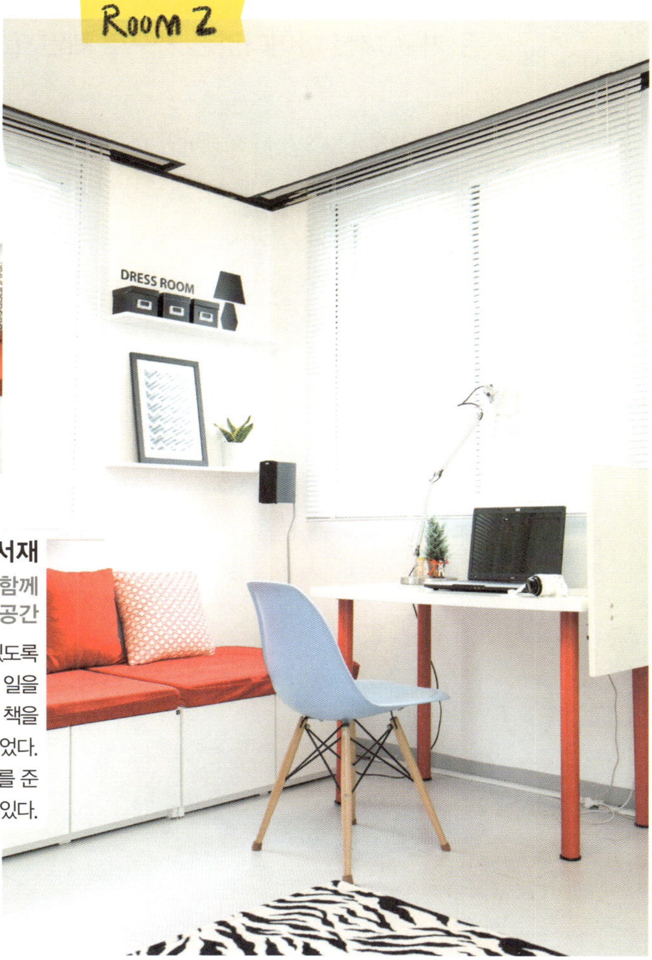

파우더 룸 + 미니 서재

다양한 일을 함께 할 수 있는 복합공간

한쪽 벽면에는 많은 옷을 보관할 수 있도록 시스템 행거를 설치하고, 맞은편에 일을 할 수 있는 책상을 놓았다. 그 사이에 책을 읽거나 쉴 수 있는 수납형 소파를 두었다. 레터링으로 액자 프레임 포인트를 준 화장대도 이 공간에 있다.

Etc 2

욕실

세탁실을 겸해 실용적으로

이사 전 세면기와 변기는 도저히 쓸 수 없어 집주인의 지원을 받아 교체하고 벽면 타일과 천정은 페인팅을 했다. 욕실 페인팅은 욕실 전용 페인트로 해야 벗겨지지 않는다. 그리고 욕실 문 쪽으로 세탁기를 두어 세탁실로도 활용한다.

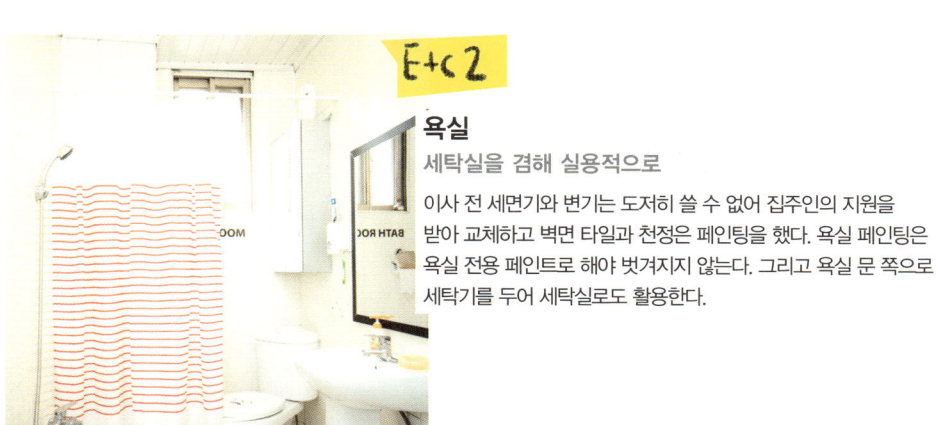

큰 가구 대신 아이디얼한 가구로 체인지

꼭 필요한 가구나 전자제품을 모두 구비해야만 하는 것은 아니다. 그녀의 작은 빌라에는 아이디얼한 가구가 큰 가구를 대신한다. 프로젝터가 반드시 있어야 한다고 생각했던 TV를 대신하는 것도 좋은 예다. 생각보다 공간이 넓어 애매했던 주방은 냉장고를 벽에 붙이는 대신 조금 떨어지게 두어 벽과 냉장고 사이에 공간을 마련했는데 여기에 여러 가지 주방용품과 생활용품을 수납했더니 겉으로 드러나지 않고 깔끔해 보인다.

1	2	
3	4	5

1 드레스 룸 벽면에 화장대 모양의 그래픽 스티커를 붙인 뒤, 두꺼운 선반을 달았더니 마치 화장대 같다.
2 큰 소파를 두지 않고 수납장을 겸할 수 있는 벤치형 의자를 드레스 룸에 두었다.
3 좁은 현관에도 신발장을 따로 설치하지 않았다. 대신 찬넬 선반을 달아 신발을 효과적으로 수납한다.
4 큰 덩치의 TV는 인테리어를 망친다. 그래서 생각해 낸 것이 프로젝터의 활용이다.
5 침대 맞은편 벽에는 그래픽 스티커를 이용해 로맨틱 스타일의 옷장을 레터링했다.

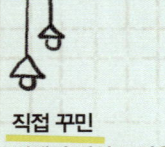

그녀의 집은 어디 하나 주인의 손길이 닿지 않은 곳이 없다. 집 전체 벽과 문은 페인팅했고, 주방 싱크대는 직접 필름 시트지로 새것처럼 바꿨고 주방 타일 작업도 직접 했다. 가장 문제였던 욕실도 변기와 세면기는 새것으로 교체하고 타일 페인팅과 수납장, 거울, 선반도 바꾸어 달았다. 전체적으로 깔끔해 보이기만 한 스타일에 다이내믹한 변화를 준 것은 벽면 그래픽 스티커다.

1 흔히 기성제품을 사서 붙이는 방 네이밍은 폼포드지를 자른 후 원하는 글자를 프린트해서 붙이면 쉽게 만들 수 있다. 2 벽면은 벽지 위에 바를 수 있는 벽지용 페인트를 주문해서 각 방과 주방, 복도 별로 페인팅했다. 3 주방 싱크대는 모두 문짝을 떼어 낸 후 레드 컬러 시트지를 꼼꼼하게 붙여주었다. 4 침대 프레임과 화장대 위 액자 그래픽 스티커는 직접 운영하고 있는 쇼핑몰에서 판매 중인 제품. 5 조명 등은 모두 인터넷 쇼핑몰에서 따로 주문한 후 직접 달았다. 6 드레스 룸 한쪽 벽면에는 선반을 달고 스탠드 모양의 그래픽 스티커와 블랙 수납박스, 액자로 컬러 톤을 통일해 꾸몄다. 7·8 턴테이블과 빈티지 시계로 분위기를 더욱 정감 있게 만들어주었다. 9 침실 한쪽 벽면에는 옷장 모양의 그래픽 스티커를 붙였다.

DIY

● **주방 싱크대 화이트 타일**
주방 싱크대 전면에 타일 본드를 바른 다음 타일을 붙이고 줄눈 작업을 했다.

● **주방 싱크대**
레드 컬러 시트지 주문해서 직접 붙이고 싱크대 손잡이도 교체했다.

● **방, 주방 벽면**
페인트 주문 후 직접 페인팅한 뒤 꼼꼼하게 말렸다.

● **욕실 타일**
욕실용 페인트 주문 후 직접 페인팅 했다.

● **방문 네이밍**
블랙 폼포드지를 잘라서 출력한 글자 판을 붙여서 완성했다.

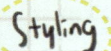 Styling

- **그래픽 스티커로 벽면 장식하기**
  다양한 그래픽 스티커를 활용해 진짜 가구처럼 보이게 했다.

- **빈티지 레트로 소품으로 북유럽 스타일 연출**
  레트로풍 소품으로 변화를 주었다. 빈티지한 느낌이 집 전체를 더욱 감각적으로 보이게 한다.

- **벽면의 빈 공간에 액자로 갤러리처럼**
  허전한 공간에는 천정용 와이어 걸이로 액자를 달아주었다.

- **컬러풀 조명으로 변화 주기**
  각각의 공간에 컬러풀한 조명만 스타일링해 주어도 분위기가 훨씬 살아난다.

Shopping Point

현관 센서 등 애플라이팅 www.applelighting. co.kr에서 2만5천 원에 구입.

복도 레드 등 샛별하우스 www.luciferhouse. co.kr에서 1만9천 원대에 구입.

침실 옷장 그래픽 스티커 인그리고 www.ingrigo. com에서 8만9천 원에 판매.

화장대 그래픽 스티커 인그리고 www.ingrigo. com에서 6만2천 원에 판매.

수납형 벤치 의자 필웰 www.feelwell. co.kr제품으로 35만8천 원에 구입.

two room

북유럽의
감성 컬러를
담은 집 17평 56m²

CHECK POINT

형태 | 복도식 아파트
평형 | 17평 56㎡
구조 | 방 2, 주방, 욕실
베란다 | 있음
시공 타입 | 셀프 스타일링

서양화를 전공한 정지나 씨의 집은 기분 좋은 컬러가 가득하다. 신혼의 풋풋함과 사랑스러움, 경쾌함을 컬러에 모두 담아낸 듯하다. 거실은 북유럽풍의 패턴과 함께 보색인 옐로와 블루 컬러를, 주방은 상큼한 오렌지 컬러, 욕실은 싱그러운 그린 컬러를 메인으로 잡았다. 과감한 컬러 매치가 이 집의 포인트다.

사실 이 집은 그녀가 결혼 전부터 살던 아파트다. 분위기를 바꾸기 위해 기존에 안방으로 사용하던 공간을 거실 겸 서재로, 동생이 살았던 작은 방은 커플만의 침실로 변신시켰다.

"평소 지인들을 집에 많이 초대하는 편인데 침실에서 차를 마시거나 이야기를 나눌 수 없어 가장 큰 공간을 거실로 결정했죠. 손님이 언제든 찾아와서 오랫동안 머무르다 자고 가도 되게끔 거실을 꾸몄죠." 그래서 지금 거실은 손님 침대로도 활용할 수 있도록 소파 베드를 두고, 거실 입구에는 롤 스크린을 설치해 잠을 잘 때는 외부에서 보이지 않도록 했다.

집 곳곳에는 직접 그린 그림들이 눈에 띈다. 좋아하는 디자이너인 샤넬을 직접 그려 거실 벽을 장식했고, 현관 벽에는 역시 좋아하는 배우인 오드리 헵번을 팝 아트 스타일로 그려 걸어두었다. 현관 문에 그린 물고기 그림도 색다르다. 이 모두가 자신의 손길로 만든 아이템으로 세상에 하나밖에 없는 인테리어를 완성하고 싶은 욕심에서 완성된 것들이다. 유쾌하고 기분 좋은 공간은 이렇게 만들어졌다.

◆ 미술 강사 정지나
◆ 서울 강서구 등촌동 아파트
◆ blog.naver.com/s830429

산뜻하고 경쾌한 컬러는 기분을
좋아지게 하죠. 수시로 방문 컬러를
바꿔주는데 비싼 돈 들이지 않고
집 안 분위기를 바꿀 수 있는 멋진
아이디어인 것 같아요.

실용성을 강조한 구조 변경이 핵심

Room 1

거실 겸 서재

손님맞이 응접실로, 가족공간으로, 서재로

손님이 오면 간이침대로 변신하는 소파 베드와 테이블로
거실을 꾸몄다. 바로 옆에 책상과 벽걸이 책장을 놓아
미니 서재로도 활용 중. 소파 맞은편에 벽걸이 TV와
수납장을 두었다.

Etc 1

주방 + 다이닝 룸

조리공간과 다이닝 룸을 하나로

현관에서 바로 이어지는 주방은 일자형 싱크대가 전부인 구조다. 따로
식탁을 둘 공간도 여의치 않고, 조리대도 부족해 아일랜드 테이블을
들였다. 요리를 할 때는 조리대로, 그리고 부부만의 오붓한 테이블로도
활용하는 기특한 아이템이다.

two room

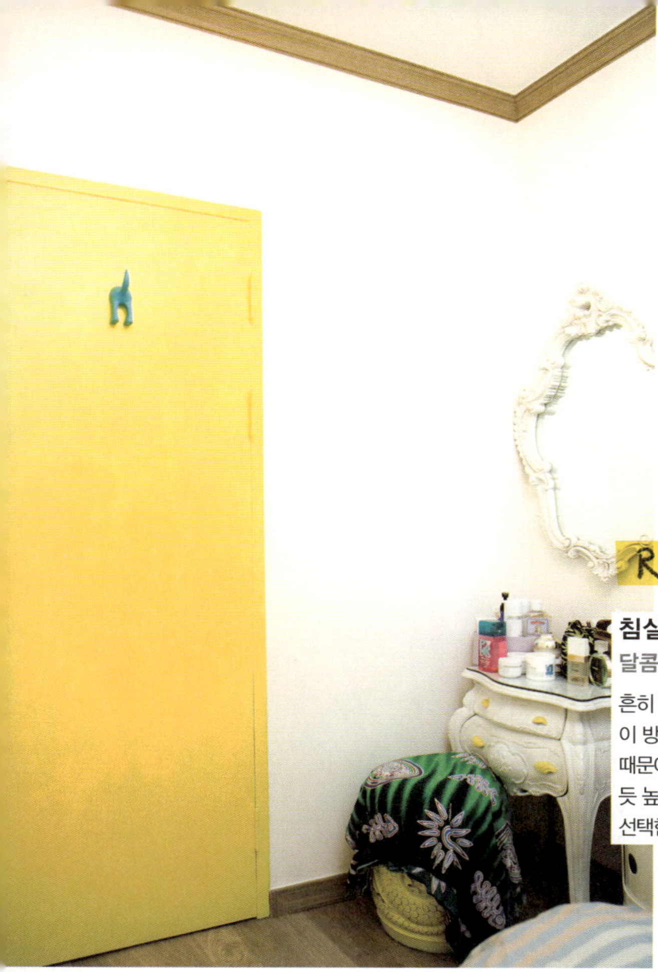

Room 2

침실 + 파우더 룸
달콤한 신혼의 꿈을 꾸게 하는 침실

흔히 같은 구조의 아파트에서 드레스 룸으로 사용하는
이 방은 부부만의 침실이 되었다. 워낙 작은 공간이기
때문에 침대와 작은 화장대만 두었다. 마치 매트리스만 깐
듯 높이가 낮고 헤드가 없는 침대도 좁은 공간을 고려해
선택한 아이템이다.

E+c 2

욕실
**샤워실 바닥을 높여 두어
작은 공간을 나누다**

대부분 작은 욕실에는 샤워기만 설치되어 있어
샤워 후에는 여기저기 물이 튀어 불편한 일이 많은
법. 그녀는 샤워공간의 바닥을 한 단 높여 공간을
분리해 물이 튀는 일을 막았다.

버려지는 공간을 찾아 새롭게 변신

작은 공간도 놓치지 말 것. 그녀의 작은 집 활용 노하우다. 이 원칙에 따라 거실에는 TV를 벽걸이로 설치한 다음 아래에는 수납력이 뛰어난 수납장을, 그리고 양옆으로는 붙박이장을 짜 넣었다. 침실에도 침대 맞은편 작은 공간에 모자나 가방을 걸어둘 수 있는 소품 수납걸이를 설치했다. 그리고 아파트 시공 시 만들어졌던 침실 붙박이장과 현관 옆 창고는 선풍기 등 가전제품이나 이불 등 큰 짐을 넣어두는 용도로 활용한다.

1 주방 맞은편 공간에는 컬러풀한 냉장고와 직접 그리고 만든 액자를 걸어 갤러리 효과를 냈다.
2 거실 소파 베드 옆으로 작은 공간이 남았는데 이곳에 작은 책상을 넣고 벽에 벽걸이 책장을 설치해 미니 서재로 만들었다.
3 거실 소파 베드 아래에 빈 공간 발견! 사이즈를 맞춰 서랍을 따로 주문해 철지난 옷을 보관한다. 서랍에 바퀴가 달려 있어서 꺼내기도 편리하다.
4 침실 한 쪽으로 침대를 놓고 보니 벽과의 사이가 30cm 정도가 남았다. 그래서 소품걸이 헹거를 설치하고 모자나 가방 등을 걸어 두었다.
5 거실 소파 베드 맞은편에는 수납장을 놓았다. 붙박이장 사이에 꼭 맞는 사이즈로 인테리어 소품도 함께 올려두었다.

1	2	3
	4	5

DIY VS Styling

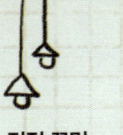

미술을 전공한 그녀의 남다른 솜씨는 셀프 스타일링에서 더욱 빛난다. 벽걸이 그림은 대부분 직접 그려서 해결하고, 여행 때마다 모은 재밌는 소품으로 곳곳을 장식해 위트를 주고, 포인트가 되는 조명으로 집 안 분위기를 더욱 로맨틱하고 사랑스럽게 연출했다. 여기에 계절마다 문 페인팅을 바꿔 변화를 준다.

1 낡아서 버리려고 두었던 티셔츠에서 레터링 부분이 멋져서 그부분만 오려서 캔버스에 입히고 액자처럼 만들어 욕실문에 걸어두었다.
2 현관문을 캔버스처럼 활용해 유화물감으로 멋진 벽화를 그렸다.
3 블루 컬러 페인트로 칠한 방문에 분필로 크리스마스 분위기가 나는 그림을 그려 넣었다.
4 아일랜드 테이블 옆의 지저분한 전선들로 어지럽게 엉켜 있었다. 그래서 캔버스에 북유럽 풍 패턴의 그림을 직접 그려 살짝 가려주었다.
5 냉장고 위 슈퍼맨 시리즈 그림은 동생과 직접 그린 것들이다.
6·7 침대 위에는 선반을 달아 못입는 옷을 잘라 리폼한 액자와 달콤한 사탕으로 장식하고 침실 천정에는 로맨틱한 샹들리에를 달았다.

DIY

● **현관문 벽화, 팝아트 액자 직접 그리기**
거실 소파 베드 위 디자이너 샤넬, 현관 벽 오드리 햅번 액자, 현관문 벽화 모두 유화로 직접 그렸다.

● **기분에 따라 방문 컬러 바꾸기**
붙박이장과 침실 방문은 수시로 컬러를 바꿔 페인팅. 특별한 기념일이 있거나 계절에 맞게 그림도 그리고 문구도 넣는다.

● **늘어진 티셔츠를 액자로**
늘어져서 못 입는 옷인데 독특한 디자인이거나 재밌는 레터링이 있는 디자인은 부분적으로 오려서 캔버스에 붙여 액자로 재활용했다.

Styling

● **이국적인 소품과 재밌는 그림으로 경쾌하게**
신혼여행 등 여행 기념으로 사온 소품과 톡톡 튀는
색감의 액자들은 이 집에서 중요한 소품이 된다.

● **보기 싫은 전선은 캔버스로 가리기**
집 인테리어 풍경을 망치는 요소 중 하나가 바로
어지러운 전선들. 전선을 가리기 위해 그녀는 주로
그림 액자를 활용한다.

● **침실에는 로맨틱한 소품으로**
신혼의 기분을 마음껏 표현하고 싶어 사랑스러운
침실 샹들리에와 화사한 파스텔 톤 커튼, 그리고
아기자기한 소품으로 포인트를 주었다.

Shopping Point

거실 소파 베드 필웰 www..feelwell.co.kr
제품으로 30만 원대에 구입.

침실 샹들리에 텐바이텐 www.10×10.co.kr에서
12만 원대에 구입.

거실 소파 테이블 지마켓 www.G-market.
co.kr에서 10만 원대에 구입.

거실벽 말 장식 소품 코즈니에서 구입한 것.

소파 위 쿠션 키티버니포니 www.
kittybunnypony.com에서 각각 3만 원대에
구입.

two room

다양한 스타일이
숨 쉬는 빈티지 하우스 17평 56m²

CHECK POINT

형태 | 일반 주택 2층
평형 | 17평 56m²
구조 | 방 2, 주방, 욕실
베란다 | 없음
시공 타입 | 전면 리모델링

일본풍 빈티지 스타일의 아기자기한 재미가 있는 이곳은 인테리어 디자인 일을 하는 커플의 취향과 노력이 고스란히 녹아 있는 집이다. 하지만 처음에는 아래층과 연결된 계단이 그대로 드러나고 주방도 제대로 갖춰져 있지 않았던 낡은 공간이었다. 하지만 높은 천정과 색다른 구조에 반한 부부는 얼마든지 재미있는 구조로 바꿀 수 있겠다는 생각에 주인의 동의를 얻어 오래된 집을 그들만의 취향으로 바꾸기로 했다.

먼저 아래층과 연결되는 계단이 있던 곳은 다른 공간과 높이를 맞추고 바닥을 타일로 마감해 서재 겸 다이닝 룸으로 바꾸고 작은 골방에 있던 주방은 터서 오픈형 키친으로 변신시켰다. 그리고 침실에는 가벽을 설치해 화려한 파우더 룸을 더했다. 완전히 잘 열리지도 않던 현관은 문 위치를 바꾸고 신발장을 넣었다.

가장 큰 변화가 생긴 곳은 단연 주방이다. 주방 천정을 터서 노출 콘크리트를 그대로 드러나게 했고 빈티지한 느낌을 살려두고 화이트로 페인팅만 했다. 싱크대는 모던한 블랙 톤으로, 아일랜드는 원목으로 내추럴한 느낌을 더했다. 주방과 서재 사이의 벽도 터서 소통을 중요시하는 커플답게 주방과 서재에서 서로 일하는 모습을 볼 수 있도록 했다. 그 사이에 다이닝 테이블을 길게 넣은 것도 특징. 이 테이블은 식사를 할 때는 다이닝 테이블로, 그림을 그리거나 무언가를 만들 때는 작업대로 쓰이는 활용도가 높은 기특한 아이다.

"빈티지하고 컬러풀한 스타일을 좋아하는 저와 모던한 스타일을 좋아하는 남편의 취향을 섞어 주방은 빈티지하게, 욕실과 현관은 모던하게 마무리했어요. 구조를 바꾸고 원하는 스타일링으로 마무리하는 작업이 만만치 않았지만 힘들었던 만큼 사랑스러운 공간이 되어서 너무 좋아요."

◆ 인테리어 스타일리스트 김혜린
◆ 서울 관악구 신림동 주택
◆ www.인테리어토끼.kr

불편했던 생활공간을 실용적이고 감각적으로 개조

Room 1

침실
휴식을 위한 가장 아늑한 공간으로

직업상 밤샘 작업이 많은 부부는 휴식이 중요하다는 생각에 침실에는 킹사이즈의 침대를 들였다. 깊은 수면을 유도하는 블루 톤의 벽지를 바르고 커튼은 포인트가 되는 아메바 그린 커튼을 달았다.

Room 2

서재 + 다이닝 룸
두 가지 기능을 하는 똑똑한 공간

주방과 이어지는 서재는 따로 문을 달지 않고 오픈형으로 두었다. 주방과 연결될 수 있게 한 만큼 다이닝 룸의 기능도 충실히 하기 때문. 대신 바닥재를 타일로 골라 공간이 분리되도록 했고 미술작업을 병행하는 안주인을 위해 인더스트리얼 스타일의 긴 테이블을 두었다.

two room

E+c1

주방
수납공간을 충분히 짜 넣어 실용적으로

작은 공간인 만큼 꼼꼼한 실측으로 싱크대를 꽉 차게 넣었고, 답답함을 덜기 위해 창은 그대로 두고 상부장은 한쪽에만 설치했다. 싱크대 아래에는 빌트인으로 세탁기를 설치해 따로 세탁실이 없는 불편함을 해소했다.

E+c 2

거실
화이트 톤으로 내추럴하게

거실 쪽 마감재도 확실하게 해 준 뒤 화이트 톤으로 벽지를 바꿨다. 낮에 수면을 취하는 일이 많아 암막 커튼을 달고 편안함을 주는 화이트 톤의 소파를 매치했다.

E+c 3

욕실
샤워실과 건식 화장실을 한꺼번에

리모델링 전 욕실은 문 쪽에 샤워기가 설치되어 있었고, 어두운 조명, 체리 컬러 몰딩까지 칙칙한 공간이었다. 리모델링을 통해 천정은 청소하기 쉽도록 플라스틱 돔 천정으로, 욕실 상부장은 거울까지 겸하는 스타일로, 샤워할 때 물이 튀는 것을 방지하기 위해 샤워기 옆에는 유리 칸막이를 설치했다.

반짝이는 개조법으로 수납 해결은 물론, 시크릿 공간까지

예전 거실에는 창고로 쓰던 다용도실이 하나 있었는데 문을 떼어 내고 보니 이상한 기둥이 있었다. 리모델링을 하면서 기둥을 가리면서 새로운 공간을 하나 만들었는데 바로 가벽을 설치해 만든 파우더 룸이다. 주방 싱크대는 상부장을 없앤 터라 수납공간이 절실했는데, 삼나무 원목 아일랜드로 부족한 수납공간을 해결했다.

1 거실에 있던 기둥을 가리기 위해 가벽을 만들고 가벽 사이에 파우더 룸을 꾸몄다.
2 삼나무 아일랜드 테이블은 안쪽으로 수납공간을 두었다. 서랍에는 자주 쓰는 주방도구나 주방용 비닐 등을 넣어두기 편리하다.
3 주방 벽에는 사용하기 쉽도록 조리도구를 꽉 차게 걸어두었다.
4 주방이 좁기 때문에 슬림형 냉장고를 넣어둘 수 있도록 테두리를 짜 넣었다. 냉장고 옆에는 빌트인으로 세탁기를 설치했다.

1

2 3 4

two room

용도에 맞는 조명으로 공간 살리기

빈티지 아이템을 좋아하는 그녀답게 집안 곳곳을 빈티지 소품과 패브릭 등으로 꾸몄는데 유독 눈에 띄는 것이 조명이다. 평소 조명을 켜두기를 즐기는 그녀답게 팔걸이 등, 스팟 조명, 스탠드 등 다양한 조명으로 집 전체 분위기를 아늑하게 만들었다.

● **다양한 조명으로 분위기 있게**
할로겐 조명, 형광등, 스탠드나 팔걸이 등…. 각기 용도에 맞게 조명을 달리 쓰면 집안 분위기가 확실히 살아난다.

● **빈 벽 한쪽에는 나만의 벽화 그리기**
서재 한쪽 벽에는 빈 공간이 있었는데 그림을 좋아하는 안주인이 직접 벽화를 그리기 시작했다.

● **다양한 빈티지 소품 믹스하기**
평소 빈티지 숍에 들렀다 우연히 산 소품이나 지인에게 선물 받은 것, 해외여행에서 사온 것 등 다양한 빈티지 소품을 모아두었다.

Shopping Point

서재 벽 팔걸이 스탠드 을지로 상가에서 18만 원대에 구입.

서재 바 스툴 자연주의에서 각 3만 원대에 구입.

서재 테이블 직접 제작 의뢰한 것으로 30만 원대에 구입.

침실 커튼 천싸요 www.1004yo.com에서 원단을 구입해서 직접 만듦.

주방 요리사 그림 안주인이 직접 그린 것.

1 작은 조개를 매달아 앙증맞은 오브제로 변신시켰다. 2 주방의 큰 창으로 햇살이 들어오는 게 좋아서 창을 다 가리기 보다는 일부만 가리게 만들었다. 3 서재 벽에는 직접 그린 토끼 스케치나 엽서 등으로 작은 갤러리를 만들었다. 허전한 벽이 빈티지한 멋이 나는 공간으로 변신했다.

DIY 마니아
내공이 숨어 있는
지중해풍 작업실 18평 59m²

CHECK POINT
형태 | 주택
평형 | 18평 59m²
구조 | 방 2, 주방, 욕실
베란다 | 없음
시공 타입 | DIY + 스타일링

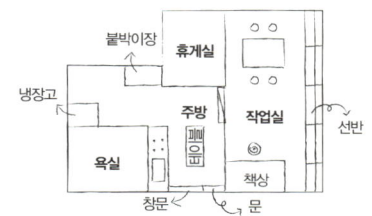

예술적 감각을 타고난 탓일까. 그래픽 디자이너 권오현 씨는 뭐든지 손으로 뚝딱 만드는 것을 좋아한다. DIY 재료도 주문만 하면 배달되는 반제품이 아닌 누군가 버려둔 아이템을 주워 재활용하는 것을 즐긴다.

지중해를 닮은 파란 빛의 이 작업실도 그의 작품. 작업실을 찾던 중 합정동 주택가에서 햇살 잘 들어오는 2층 주택을 발견한 권오현 씨는 즉시 셀프 인테리어를 시작했다. 오랜 설득 끝에 집주인으로부터 구조 변경의 동의를 구하고 기존의 가정집 구조를 탈피해 작업실로 변신시켰다. 먼저 현관을 없애 신발을 신고 들어갈 수 있도록 했다. 여기에 기존보다 주방 싱크대 크기를 늘리고 로망이었던 큰 주방을 만들었다. 원래 1층과 통하던 계단이 있던 자리는 막은 뒤 냉장고를 두는 공간으로 만들었다. 이후 큰 사이즈의 방 하나는 작업실로, 작은 사이즈의 방은 휴식이나 수면을 취할 수 있는 공간으로 활용하기로 했다.

집 전체 컬러는 블루로 정한 뒤 페인트 전문점에 가서 조색을 해 직접 페인팅을 마쳤다. 주방 타일도 직접 붙인 것. 그뿐인가. 주방 싱크대도 목재를 사다 싱크대 장을 만들고 블랙으로 페인팅을 해서 만들었다. 수도 공사, 창 교체, 천정 공사 등 큰 규모의 공사만 전문가에게 맡기고 나머지는 모두 셀프로 해결했다.

그의 작업실을 빈티지하게 만들어주는 소품들도 대부분 그가 중고 시장이나 길거리에서 발견한 것들이다. 오래된 타자기나 트렁크는 이태원이나 청계천에서 중고가격으로 저렴하게 구입하고, 작업실의 큰 수납장은 재활용센터에서 아주 저렴하게 구입해 빈티지 가구로 활용한다. 이렇듯 새것보다 오래된 물건, 손때 묻은 물건을 좋아하는 그는 자신의 작업실도 추억이 생각나고, 사람 냄새가 나는 그런 따뜻한 공간으로 만들고 싶단다. 지중해풍 작업실 가득 그의 개성이 출렁인다.

◆ 그래픽 디자이너 권오현
◆ 서울 마포구 합정동 주택

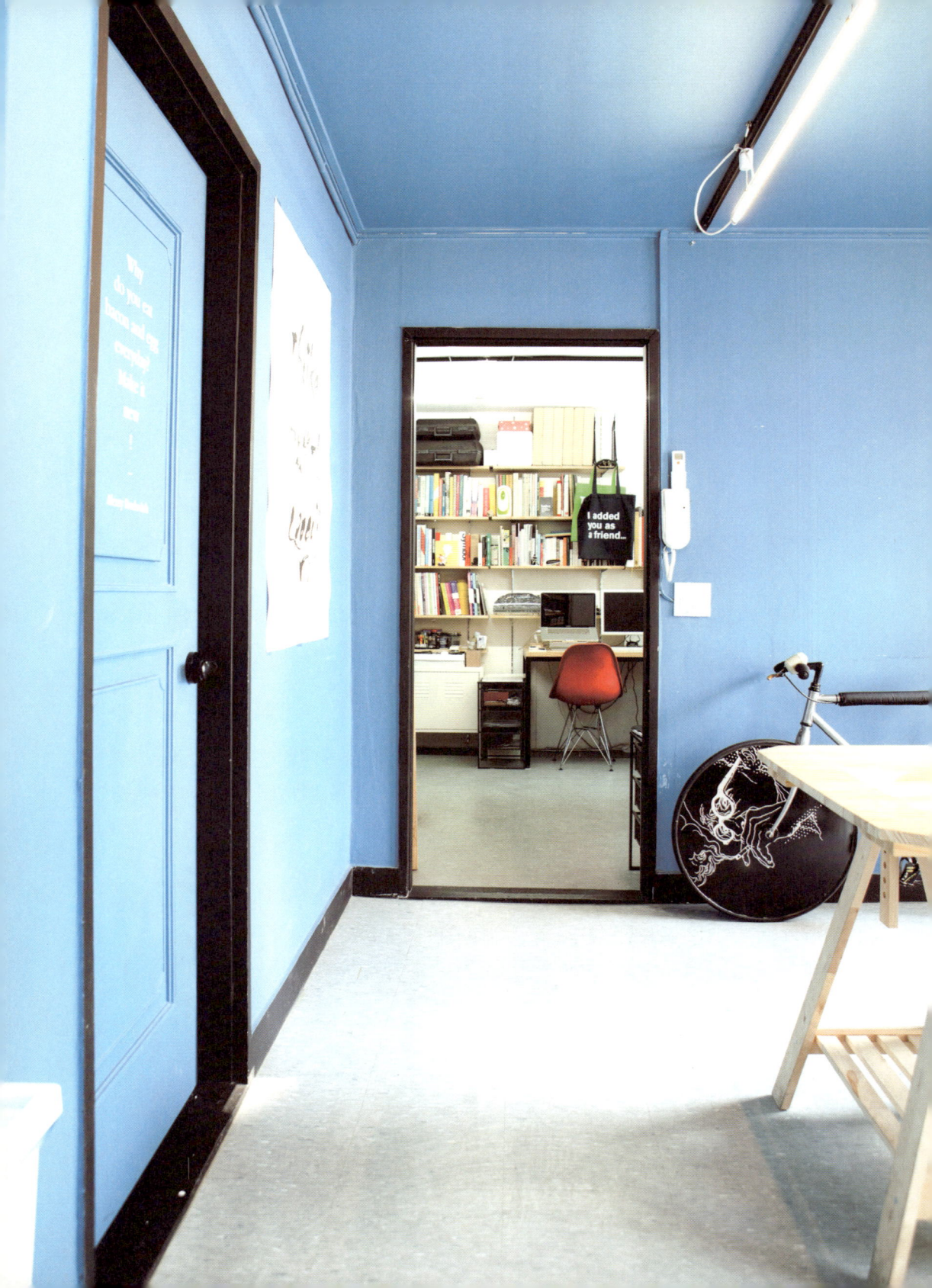

메인 컬러는 블루지만 휴식공간은 화이트 컬러로
정했어요. 아무래도 편안해 보이고 심플해야 휴식을
제대로 취할 수 있을 것 같아서죠. 대신 컬러감이 있는
쿠션을 매치해 변화를 살짝 주었어요.

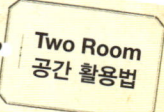

**Two Room
공간 활용법**

작업 집중도를
높여주는 공간 배치

Room 1

작업실
작업에 몰입할 수 있도록 만든
혼자만의 공간

창가에는 작업용 책상과 수납장을 두고
벽면 전체에는 찬넬 선반을 달아 책이나
소품을 모두 수납할 수 있도록 했다. 작업실
한쪽에는 캔버스나 연극 등 공연 포스터
등을 붙여두었다.

Etc 1

주방 + 다이닝 룸
직접 설계한 파티용 미니 키친

주방 싱크대는 오븐이 들어갈 수 있게 하부장을 설계하고 답답해
보이는 상부장은 없었다. 대신 넓은 찬넬 선반을 달아 다양한 그릇이나
주방용품을 수납할 수 있도록 했다. 싱크대 앞에는 직접 만든 넓은
테이블을 놓았다.

two room

휴식 공간
밤샘 작업을 위한 작은 라운지

소파 베드와 쿠션으로 안락함을 더하고,
맞은편에는 옷을 보관할 수 있도록 수납장을
넣었다. 평소에는 다양한 수납공간으로
활용하기도 한다.

E+c 2

욕실
북유럽풍의 이국적인 레스트 룸

밤샘 작업이 많은 터라 깨끗하고 쾌적한 욕실도
필요했다. 그래서 샤워공간을 만들고 북유럽풍으로
원목 선반과 수납장이 있는 세면대를 설치했다. 미니
화장대로도 겸하고 있다.

벽면을 꽉 채운 선반으로 수납 해결

차고 넘치는 책들과 그동안 수집해 온 각종 빈티지 소품들을 둘 공간이 필요했다. 그의 아이디어는 한쪽 벽면을 꽉 차게 선반을 다는 것. 한쪽 벽면이 긴 작업실 구조를 활용해 벽면 전체에 선반을 달아주니 수납공간이 넉넉해졌다. 반대쪽 벽면은 그동안 작업해 온 걸 그냥 세워만 두었는데 데커레이션 효과까지 있어 만족스럽다고. 욕실과 이전 구조에서 아래층으로 내려가는 계단 사이 숨은 공간에는 세로로 긴 냉장고를 놓았다.

1	2	
3	4	5

1 작업실 벽면에 원두커피 여과지를 고정시켜 두니 멋진 인테리어 소품으로 탄생되었다.
2 작업실 긴 벽은 찬넬 선반을 달아 책과 오래된 소품까지 모두 수납했다.
3 욕실 앞 작은 공간에 슬림 사이즈의 실버 냉장고를 넣었다.
4 찬넬 선반과 벽면 사이에 남은 공간에는 그가 조립 중인 자전거 부품을 걸어 놓았다.
5 작업실 한쪽 벽면에는 작업 중인 문짝과 완성한 포스터, 지인에게 선물 받은 미술 작품 등을 두었다.

デザインは、
日常の隙間にある
素晴らしい
アイデアの中で、
新しさをとらえて
形にする
行為だ。

-

Hara Kenya

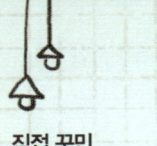

그는 저렴하게 셀프 인테리어를 할 수 있는 방법으로 '발품 팔기'를 권한다. 편하게 앉아 인터넷 쇼핑몰의 주문제작을 이용할 수도 있지만 직접 제작해서 판매하는 곳을 방문하거나 도매시장에서 구입할 것을 추천한다. 방산시장에서는 벽지나 카펫, 비닐 등을, 을지로에서는 조명이나 각종 부자재를 비교적 저렴한 가격에 구입할 수도 있다고.

DIY

● **주방 싱크대 하부장과 선반**
사이즈에 맞게 목재를 주문하고 싱크대 위 타일도 블루 컬러로 고른 후 직접 시공했다.

● **다이닝 테이블**
자투리 나무로 접었다 폈다 할 수 있는 트렌스포머형 다이닝 테이블을 만들었다.

● **자전거**
다이닝 테이블 옆 자전거도 부품을 하나하나 모아서 셀프로 조립하고 있는 중.

● **벽면과 문 페인팅**
페인트 숍에서 직접 주문 조색해 온 블루 컬러로 벽면과 천장까지 블루로 칠했다.

two room

5

6

Shopping Point

작업실 슬림 조명 을지로 조명상가에서 구입.

작업실 빈티지 수납장 중고장터에서 10만 원대에 구입.

레드 스탠드 이케아 제품으로 선물 받은 것.

작업실 화이트 수납장 이케아 제품으로 인터넷 쇼핑몰에서 6만 원대에 구입.

레스트 룸 소파 베드 이케아 제품으로 인터넷 쇼핑몰에서 10만 원대에 구입.

Styling

● **재활용 아이디어로 빈티지하게**
사용했던 물건은 함부로 버리지 않는다. 각종 포스터, 엽서, 심지어 커피 여과지도 훌륭한 소품이다.

● **길거리에서 구한 소품으로 색다르게**
작업실 한켠에 있는 오래된 타자기나 트렁크는 모두 이태원이나 길거리에서 구한 것들이다.

● **패브릭은 모노톤에 포인트 컬러로**
패브릭은 차분하면서도 포인트가 되도록 했다. 그레이 컬러와 오렌지 컬러로 소파 커버와 쿠션 컬러를 맞췄다.

1·2 주방 싱크대는 줄자로 측정해 정확한 사이즈를 계산한 뒤 디자인해 목재를 주문했다. 다이닝 테이블은 기존 제품을 참고해 만들었다. 3 책상 상판은 나무를 전문적으로 취급하는 도매상에 구입하고, 철제 프레임도 따로 구입해 책상으로 만들었다. 4 화이트보드 원판을 따로 구입해 한쪽 벽면에 설치하고 그 위에 각종 포스터, 엽서를 자석으로 붙여두었다. 5 오래 모아둔 담뱃갑을 수납장에 넣어두고 컬러를 맞췄더니 색다른 인테리어 소품이 되었다. 오래된 타자기와 어울려 이국적인 느낌이 난다. 6 다소 삭막해 보이는 작업실 분위기에 레드 컬러 스탠드로 변화를 주었다. 밤에는 스탠드 조명만으로 아늑한 분위기가 된다.

직접 만든 반제품으로 꾸민
컨트리 홈 18평 59m²

CHECK POINT

형태 | 아파트
평형 | 18평 59m²
구조 | 방 2, 주방, 욕실
베란다 | 있음
시공 타입 | DIY + 셀프 스타일링

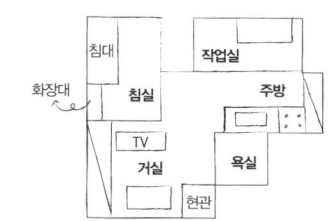

결혼 1년차인 박현아 씨의 러블리한 신혼집은 모두 그녀의 손길을 거쳐 탄생한 공간이다. 오래된 아파트라 손볼 곳이 한두 군데가 아니었지만 곧 이사할 계획이라 큰 돈 들여 리모델링을 하기보다는 셀프 인테리어를 선택했다. 결혼을 앞두고 두 달 가량을 퇴근하자마자 신혼집으로 출근해 벽부터 방문, 그리고 가구까지 하나하나 변신시켜 나갔다.

"카페 스타일의 아늑하고 멋진 신혼집으로 꾸밀 방법이 없을까 고민했어요. 예쁜 소품이나 가구를 많이 사고 싶었지만 그렇게 하면 생각보다 인테리어 비용이 너무 많이 들더라고요. 그래서 반제품으로 직접 만들고 꾸며 보기로 결심했죠. 직접 만드니 애정도 남다르고 더 애착이 가는 것 같아요."

오래된 집의 단점은 페인팅으로 해결했다. 방문과 방문 틀을 화이트 컬러로 칠하니 분위기가 밝아졌고, 주방 가스레인지 옆 벽은 블루 컬러로 칠한 후 레터링으로 포인트를 주어 주방을 아기자기하게 꾸밀 수 있는 또 하나의 디스플레이 공간으로 만들었다. 컬러는 신혼 분위기에 맞게 침실은 핑크, 작업실은 내추럴 민트와 우드, 거실은 화이트와 베이지, 블루, 우드 컬러로 선택했다. 컬러를 하나로 통일하기보다 공간에 어울리는 컬러를 선택해 공간이 독립적으로 보이게 했다.

카페 스타일을 위해 거실과 작업실은 목재를 이용한 내추럴한 반제품 가구를 선택한 뒤, 리스나 조화, 미니어처 등 아기자기한 장식 소품으로 아늑함을 더했다. 가구나 소품 뿐 아니라 집을 꾸미는 데 쓴 패브릭은 대부분 그녀가 직접 만든 것들이다. 침실과 거실, 그리고 작업실의 커튼, 패브릭 장식 소품, 현관 신발장 수납 케이스, 작업실 테이블 하단 가리개 모두 직접 원단을 주문해 디자인하고 미싱으로 완성했다. 원단은 린넨이나 내추럴 컬러, 그리고 자잘한 꽃무늬 등의 프린트를 골라 신혼 특유의 사랑스러움과 내추럴함을 표현했다.

◆ 프리랜서 번역가 박현아
◆ 경기 성남시 수정구 심곡동 아파트
◆ lena3953.blog.me

손으로 하나하나 신혼집을 완성해 나가는 게 너무 즐거웠어요. 필요한
가구를 만들고 그에 어울리는 또 다른 소품이나 가구를 들이면서
오래된 아파트가 점점 새로운 공간으로 변신하는 게 흥미로웠죠.

HOUSE

GARDEN

WELCOME

취미공간과 수납공간은 늘이고, 데드스페이스는 줄이고

Room 1

침실

커플만의 사랑스러운 공간

햇살이 잘 드는 방을 부부만의 로맨틱한 침실로 만들었다.
거실과 주방, 작업실 겸 드레스 룸이 컨트리풍이라면
침실은 좀 더 사랑스러운 로맨틱 스타일이다.

Room 2

작업실 + 드레스 룸

취미생활을 위해 작업실 분리

같은 구조의 다른 아파트의 경우 좁은 주방 때문에
대부분 냉장고를 주방 옆방에 놓는다. 하지만 자신만의
작업실을 갖고 싶었던 그녀는 냉장고를 과감하게 주방
옆 베란다로 보냈다.

two room

E+c1

거실

작은 공간을 고려해 좌식 가구 놓기

낮은 천정과 미닫이문으로 좁아 보였던 거실에 문을
떼어 내고 좌식 스타일의 가구를 놓았다. 일반 소파는
공간을 많이 차지하기 때문에 좌식 소파를 선택한 것.

E+c 2

주방 + 다이닝 룸

아일랜드 테이블로 다이닝 코너 만들기

넓은 다이닝 테이블을 놓기엔 싱크대 옆 공간이
비좁아 대신 아일랜드 테이블을 골랐다. 믹서기나
커피 머신 등 간단한 주방가전을 놓을 수 있는
콤팩트한 미니 사이즈를 선택했다.

E+c 3

욕실

직접 리폼해 새로운 공간으로

칙칙하고 어두웠던 이전의 욕실은 셀프 페인팅으로 아늑하고 화사하게
변신했다. 자잘한 욕심 욕품은 직접 만든 원목 선반과 수납함에 정리해
한결 욕실이 깔끔해 보인다.

빈 공간에 꼭 맞는 DIY 가구로 똑똑 수납

작은 집이지만 버려지는 공간이 없다. 부족한 수납을 위해 작은 공간까지 꼼꼼하게 찾아낸 덕분이다. 빈 공간 크기를 체크한 후 그에 맞는 반제품 가구를 주문해 직접 만들고 페인팅해 수납가구로 변신시켰다. 작업실 테이블 밑, 헹거 옆 코너, 방문 뒤 등 빈틈이 있는 공간은 그녀의 손길을 거쳐 멋진 수납공간이 되었다.

1 작업실에는 용도에 맞는 수납가구를 들여 공간을 깔끔하게 정리했다.
2 방문도 훌륭한 수납공간이 될 수 있다. 방문에 걸어두는 미니 헹거에 자주 쓰는 소품이나 모자, 내일 입고 나갈 옷을 걸어두기도 한다.
3 침실과 욕실 사이 공간에도 반제품 수납장을 두어 주방용품을 넣어둔다.
4 작업용 테이블 아래에 지저분한 짐들을 넣어 놓고 압축봉을 단 후 패브릭으로 커튼을 달아 감쪽같이 가려주었다.

1

2 3 4

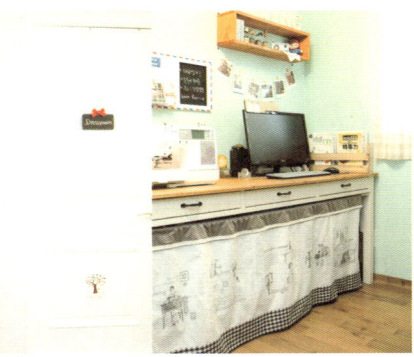

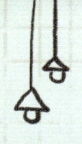

셀프 페인팅, 반제품으로 카페 스타일 연출

침실과 작업실, 거실, 주방 벽은 전문가의 도움을 받아 도배를 했지만 욕실 벽과 방문, 문틀은 직접 페인팅했다. 방문과 문틀은 습기에 강하도록 방수 페인트와 일반 페인트를 섞어서 바르고, 욕실 벽은 방수 페인트로 꼼꼼하게 발랐다.

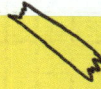

● **거실 TV장과 수납장**
인터넷 쇼핑몰에서 주문한 반제품 TV장은 직접 조립한 후 패브릭으로 살짝 덮어주었다. 수납장과 작업실 테이블 옆 수납장 역시 반제품이다.

● **거실과 침실, 작업실 커튼**
침실은 창으로 바로 들어오는 햇살과 바람을 막아줄 수 있는 극세사 소재로, 거실과 작업실은 내추럴한 분위기에 어울리는 린넨 소재로 골랐다.

● **현관 신발장과 현관문**
원래 칙칙했던 현관 신발장은 젯소를 바른 후 산뜻한 블루 컬러 페인트를 발라 리폼했다.

● **방문과 문틀**
깔끔하고 화사해 보이고 싶어 화이트 컬러 페인트로 꼼꼼하게 발라주었다. 여러 번 바르고 말리고를 반복해 주는 것이 포인트.

1 주방 선반 벽걸이 역시 반제품을 주문해 스테인을 발라 완성했다. 거실 벽 선반도 같은 방법으로 만든 것.
2 이사 오기 전부터 있던 오래된 신발장은 블루 컬러로 페인팅한 뒤, 신발이 보이지 않도록 패브릭으로 살짝 가려주었다.
3 침대 옆 협탁은 DIY로 만들었다. 공간박스에 가구 다리만 주문해서 달아준 후 페인팅하고 원단을 잘라 살짝 가려주었다.

two room

패브릭을 사랑한 디자이너의
북유럽풍 아파트 19평 62m²

CHECK POINT

형태 | 복도식 아파트
평형 | 19평 62m²
구조 | 방 2, 주방, 욕실
베란다 | 있음
시공 타입 | 셀프 스타일링

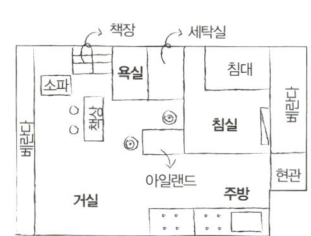

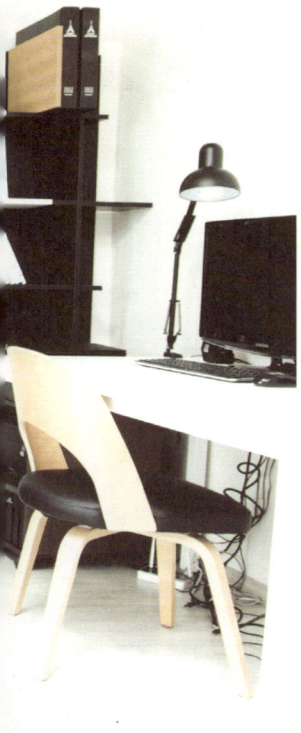

전시 디자이너 조영숙 씨의 신혼집은 그녀의 라이프스타일이 그대로 녹아 있는 듯 이채롭다. 독특한 프린트의 패브릭 액자와 쿠션, 컬러풀한 패브릭 의자까지 어느 하나 평범한 것이 없다. 프린트를 매치하는 감각이며, 컬러의 조합까지 디자이너의 감성이 인테리어 스타일링에도 그대로 묻어난다.

사실 그녀는 패브릭 마니아다. 독특한 프린트의 패브릭을 좋아해 평소에 자주 원단 쇼핑을 하는데 그렇게 모아둔 원단이 셀프 스타일링의 좋은 재료가 된다. 패브릭 액자와 쿠션 커버까지 컬러와 패턴을 맞추면 같은 집이지만 전혀 다른 분위기가 나서 기분전환에 그만이라고. 현관에서 바라본 그녀의 일자형 구조 아파트는 그래서 지루하지 않고 다이내믹한 즐거움이 가득 차 보인다.

"화려하고 컬러풀한 프린트를 좋아해서 패브릭 외에는 컬러를 모노톤으로 통일했어요. 화이트와 그레이, 블랙으로 중심을 잡아 주면 산만한 느낌을 덜 수 있거든요. 그래서 거실 겸 서재 벽은 화이트로, 주방 벽은 블랙으로 정했죠."

그녀의 디자인 감각은 구조 활용법에서도 빛난다. 정해져 있는 틀에서 벗어나 자유로움을 추구하는 성향처럼 색다르게 활용하는 아이디어를 보여준다. 방 2개를 거실과 침실로 나누고 나니 드레스 룸 공간이 따로 나오지 않았다는데. 이렇게 해서 베란다 드레스 룸까지 완성되었다.

◆ 전시 디자이너 조영숙
◆ 경기 군포시 오금동 아파트
◆ blog.naver.com/sd4488675

화려하고 컬러풀한 프린트를 좋아해서 패브릭 외에는
컬러를 모노톤으로 통일했어요. 화이트와 그레이, 블랙으로
중심을 잡아주면 패브릭이 눈에 띄면서 공간도 산만해 보이지 않죠.

방 크기에 맞추어 기능 나누기

Room 1

침실
트랜스포머 가구로 활용도 높이기

부부를 위한 작은 침실은 침대 하나만 넣어도 꽉 차는 크기다.
그래서 생각해 낸 것이 침대 외 공간에 딱 맞는 화장대를 찾는 것.
크기를 조절할 수 있는 트랜스포머 화장대를 골라 방문 옆 작은
공간에 쏘옥 넣었다.

Etc 1

베란다
부족한 옷 수납은 베란다를 활용

큰 공간을 거실로 활용했기 때문에 드레스 룸이 따로 없다. 대신 거실 쪽 베란다와 침실 쪽
베란다를 드레스 룸으로 활용했다. 거실 쪽 베란다 한쪽으로 헹거를 설치하고 바닥은 매트를
깔아 신발을 신지 않고도 다닐 수 있도록 했다. 침실 쪽 베란다에는 이불 등을 수납할 수
있도록 옷장을 두었다.

two room

ROOM 2

거실 + 서재
미닫이문을 떼어 공간 통합

이곳은 사실 미닫이문이 있었는데 과감히 떼어 내고 거실 겸 서재로 꾸몄다. 책을 보거나 일을 할 수 있는 서재가 꼭 필요했기 때문에 큰 테이블뿐만 아니라 책장까지 들여 완벽한 서재의 모습을 갖추었다.

E+C 2

주방 + 다이닝 룸
작은 주방을 위한 다이닝 룸까지

일자형 구조의 아파트가 그렇듯 주방에는 식탁을 따로 둘 여유가 없다. 이런 아쉬움을 한 번에 해결해 주는 게 바로 아일랜드 테이블이다. 아래에는 전자레인지나 오븐 등을 수납할 수 있도록 오픈형으로 디자인된 것으로 고르고, 바 스툴을 두었더니 식탁으로도 활용이 가능해졌다.

오픈형 수납가구로 답답함 없애기

집 구조를 이해하고, 자신의 라이프스타일에 맞춰 꼭 필요한 공간이 무엇인지를 정확히 알고 있다면 숨겨진 공간을 활용하기가 훨씬 쉬워진다. 거실에 서재를 함께 두고 싶다는 생각에 소파 옆 공간에 비교적 큰 책장을 놓아 서재를 만들었다. 주방용품을 둘 데가 마땅치 않았던 좁은 주방은 화장실 옆 벽을 이용해 선반을 두었더니 부족한 수납공간을 바로 해결할 수 있었다.

1 거실가구 컬러와 맞춘 블랙&화이트 책장을 소파와 서재 테이블 사이에 두었다. 공간을 고려해 주문했더니 맞춘 듯 사이즈가 딱 맞아 떨어졌다. 책이나 각종 소품을 수납한다.
2 책장 바로 앞에는 벽쪽으로 책상을 두고 작업실 겸 서재로 활용한다.
3 애매하게 작은 공간이 남아 전신 거울을 넣었더니 크기가 아주 잘 맞았다. 거실 반대편을 비춰 공간이 넓어 보이는 효과까지 얻었다.
4 싱크대 맞은편에 둔 선반에는 주방용품 뿐 아니라 라디오, 욕실 수건까지 수납해 다용도로 활용한다. 키가 큰 선반은 수납공간이 많아 활용도가 높다.

1　　2　3　4

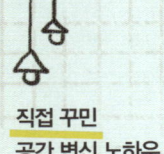

2

1

　　　전셋집이라 리모델링은 힘든 상황. 주방 맞은편 벽에만 직접 벽지를 발라 블랙 컬러로 포인트를 주고 지저분했던 주방 타일을 뜯어 내고 새로 블랙 타일을 붙였다. 집 컬러는 블랙과 화이트를 기본 컬러로 했기 때문에 자칫 무거워 보일 수 있어서 화려하거나 컬러감이 톡톡 튀는 패브릭으로 포인트를 주었다. 전셋집이라 액자는 못으로 걸지 않고 양면테이프를 이용해 붙이거나 선반에 올려두었다.

DIY

● **주방 맞은편 벽면 셀프 도배**
블랙 컬러로 포인트를 주고 싶어 직접 벽지를 구입해 셀프 도배를 했다.

● **거실 소파 뒤 선반**
목재 판매 쇼핑몰에서 원판 하나를 구입하고 용도에 맞게 커팅을 주문했다.

● **패브릭 액자**
우드락보다 조금 크게 패브릭 원단을 자르고, 양면테이프를 이용해 붙인다.

● **싱크대 타일**
타일용 접착제를 바르고 블랙 컬러 모자이크 타일을 덧붙여주었다.

two room

3

4

5

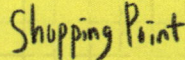

World Travel

Shopping Point

거실, 주방 패브릭 마리메꼬 매장이나 더퀼트 www.inthequilt.co.kr에서 구입.

거실 북유럽 패턴 컬러플 의자 퍼니몰 www.furni.co.kr에서 11만 원대에 구입.

거실 자작나무 선반 원목 타이거우드 www.tigerdiy.com에서 주문.

소파 쿠션 키티버니포니 www.kittybunnypony.com에서 3만 원대에 구입.

 **Styling**

- **모노톤의 소파에 쿠션으로 포인트**
  심플한 소파는 컬러감이 있는 쿠션을 여러 개 매치해 주면 훨씬 생동감이 살아난다.

- **화려한 프린트가 돋보이는 의자로 엣지 있게**
  컬러풀한 프린트가 돋보이는 포인트 가구를 두면 시크한 감각을 발휘할 수 있다.

- **침실은 편안한 분위기의 모노톤으로**
  안정감을 주고 싶다면 베딩 컬러는 뉴트럴 컬러나 모노톤이 제격이다.

1 칙칙했던 기존의 타일을 뜯어 내고 타일을 직접 붙였다. 타일용 접착제를 먼저 바르고 타일을 붙인 후 줄눈 작업을 해주면 된다.
2 서로 다른 프린트의 원단을 준비한다. 그런 다음 우드락을 서로 다른 크기로 잘라준다. 양면테이프나 핀으로 고정시켜준다.
3 플라워 프린트 원단이 경쾌한 플라스틱 의자를 베란다로 통하는 미닫이문 앞에 두었더니 밋밋했던 벽과 문이 화사해졌다.
4 냉장고에는 신혼의 달콤함이 묻어나는 웨딩 사진과 엽서들이 로맨틱한 분위기를 연출하고 있다. 웨딩 사진은 직접 셀프로 촬영한 것들.
5 침실 벽에 있는 세계지도는 컴퓨터로 직접 그린 후 출력회사에 출력을 맡겼다. 그런 다음 우드락에 붙여 벽에 고정시켰다.

two room

셀프 인테리어로
완성한 인더스트리얼
빈티지 아파트먼트 19평 62m²

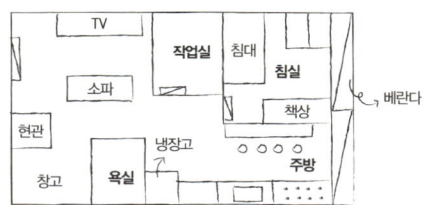

오래된 상가 아파트 꼭대기 층. 최원영 씨가 최근 이사한 싱글 하우스다. 답답한 강남에서 시원한 전망을 가지면서도 경제 사정에 맞는 집을 찾던 중 꼭 맞아 떨어진 집이 이 곳이었다. 처음 이곳을 찾았을 때는 거의 창고 같은 분위기였다고. 지은 지 40년 가까이 되다보니 벽지가 뜯겨져 있음은 물론, 수도관과 가스관이 낡은 벽과 바닥에 그대로 드러나 있었다. 비록 전셋집이지만 자신의 취향에 맞는 스타일로 셀프 인테리어를 진행하기로 결심했다.

"낡고 오래된 아파트지만 베란다 창밖으로 보이는 탁 트인 전망은 포기할 수 없었어요. 그래서 낡은 느낌을 버리지 않고 그대로 살려 빈티지 하우스로 만들기로 한 거죠. 손댈 곳이 한두 군데가 아니어서 이사 후에도 계속 뜯어 고쳐야 하는 고충은 있었지만 바뀐 집은 너무나 만족스러운 저만의 공간이 되었어요."

이렇게 두 달 넘게 걸려 완성한 그만의 하우스는 작업실과 생활공간이 믹스된 새로운 공간이 되었다. 방 2개 중 하나는 침실로, 나머지 하나는 작업실로 사용하고 비교적 넓은 주방은 손님이 여럿 와도 거뜬한 다이닝 공간을 더하기로 했다.

벽과 천정은 다크 그레이 톤으로 직접 페인팅하고 바닥은 마루 느낌의 데코타일을 하나하나 깔았다. 침대와 책상, 거실장, 다이닝 테이블까지 가구는 대부분 철제로 손수 만들었고, 가장 상태가 심각했던 욕실은 타일을 새로 페인팅하고 세면기와 변기 등 욕실 집기를 모두 교체해 완벽하게 달라진 모습으로 변신시켰다. 멋진 전망과 야경을 볼 수 있는 베란다는 그의 손길로 완벽하게 새로운 테라스로 변신했다. 창밖으로 보이는 전망은 럭셔리한 펜트하우스가 부럽지 않다.

◆ hug+ 허그플러스 대표 최원영
◆ 서울 강남구 신사동 상가 아파트
◆ www.mas102.com

낡고 오래된 아파트지만
베란다 창밖으로 보이는
탁 트인 전망은 포기할 수
없었어요. 그래서 낡은
느낌을 버리지 않고 그대로
살려 빈티지 하우스로
만들기로 했죠.

방문을 떼어 내 과감하게 공간 활용

Room 1

침실 + 드레스 룸
활용도가 높은 캐비닛으로 옷 수납

방 1개는 침실과 드레스 룸으로 사용한다. 작은 공간에 기능을
더하기 위해 먼저 방문을 떼어 내 공간을 확보한 뒤 큰 옷장
대신 사무용 캐비닛을 들였다. 사무용 가구를 전문적으로
판매하는 숍에 직접 주문한 것. 도장을 빼고 사이즈에 맞춰
맞춤 주문했다.

Room 2

작업실
창문을 터서 답답하지 않게

작업실 방은 밖으로 난 창문이 없어 문을 닫으면
마치 암실처럼 답답하고 좁은 공간이었다. 그래서
거실로 나오는 창문을 떼어 낸 다음 밸런스 커튼만
따로 달아주었다.

two room

Etc1

거실 + 현관
큰 소파와 수납장으로 독립된 공간

거실은 크고 넉넉한 가죽 소파를 거실 가운데에 두고 거실장을
벽 쪽에 두어 방까지 이어지는 복도가 생긴 듯 보이게 했다.
현관 바로 옆에는 거실과 분리가 될 수 있도록 키 높이만큼 높은
캐비닛 신발장을 두었다.

Etc2

주방 + 다이닝 룸
바 스타일의 다이닝 테이블로 공간 활용

주방을 가로지르는 다이닝 테이블 대신 직접 만든 바
스타일의 테이블을 벽에 붙여 공간을 최대한 확보했다.
손님이 많이 찾아올 땐 테이블 2개를 마주 붙여 넓은
테이블로 활용할 수도 있다. 의자는 철제 테이블에 맞춰
빈티지한 사무용 의자를 골랐다.

 Etc3

욕실
셀프 시공으로 반신욕까지 거뜬하게

타일과 욕조를 모두 교체할 수는 없어 만능 우레탄을 경화시켜
발라 주었다. 욕실 전용 페인트와는 달리 프라이머 없이도
깔끔하게 바를 수 있어 아주 실용적이다.

꼭 필요한 공간은 직접 만들다

그의 셀프 인테리어 아이디어 중 단연 돋보이는 것은 바로 새로운 공간 만들기다. 멋진 바깥 풍
경을 서서 봐야 하는 불편함을 없애기 위해 방문에서 떼어 낸 문짝을 이용해 단을 높여 멋진 테라
스로 만들었고, 디자인이 멋진 자전거를 전시품처럼 놓고 싶어 거실 옆 한쪽을 자전거 전시 공간으
로 활용했다.

1	2	
3	4	5

1 앉아서도 바깥 풍경을 볼 수 있도록 단을 높이고 인조
잔디를 깔아준 뒤, 테이블과 의자를 놓았다.
2 거실 한쪽 벽에 자전거 전용 헹거를 설치해 자전거를
걸어두었다.
3 침실과 주방 사이 작은 벽면에 세로로 긴 철제
책꽂이를 달았다.
4 냉장고 옆에는 수납장을 주문해 넣고 키친타월이나
트레이 등 각종 주방용품을 수납했다.
5 주방은 세로로 긴 구조를 가지고 있어 벽면을 이용해
다이닝 룸을 만들었다.

two room

DIY VS Styling

집 안 구석구석 이 모든 작업을 셀프로 진행했다니 감탄사가 절로 나온다. 그가 추천하는 셀프 인테리어 방법은 먼저 전체적인 콘셉트를 정하고, 컬러를 고른 다음 그에 맞는 가구를 만들지, 구입할 지를 정하는 것. 그 다음으로 소품으로 스타일링해 마무리한다.

1 낡은 욕실 문은 샌딩 작업 후에 목재 전용 블랙 컬러 페인트로 직접 페인팅했다. 2 바닥은 짙은 브라운 톤의 데코타일을 전용 접착제를 이용해 발라주었다. 3 책상은 철제 앵글을 사이즈에 맞춰 주문하고 조립한 후 상판만 합판을 올리고 원목 필름 시트지를 붙였다. 4 독특한 느낌의 철제 책꽂이와 빈티지한 옷걸이가 이국적인 느낌을 준다. 5 메인 등을 달지 않고 스탠드를 이용하기 때문에 집 안 곳곳에 스탠드를 두었다. 6 책상 의자와 다이닝 테이블 의자 모두 가구용이 아닌 사무용 의자다. 7 답답한 방문을 모두 떼어 내고 고속터미널 상가에서 어렵게 구한 카키 컬러 원단으로 커튼을 주문 제작해 달았다. 가벼운 압축 봉으로 고정했다. 8 그가 좋아하는 취미생활 중 하나가 건담 시리즈와 피규어 콜렉트다. 재미있는 아톰 피규어를 조명과 함께 달아 놓았다.

DIY

● **집 전체 벽면과 바닥**
벽면과 천정은 조색 주문한 다크 그레이 컬러 페인트로 직접 발랐다.

● **방문과 방문 틀**
친환경 블랙 페인트를 페인팅 전용 붓으로 페인팅했다. 원래 유리로 되어 있던 윗부분은 차량용 PVC 그릴을 붙였다.

● **욕실 타일 페인팅**
만능 우레탄을 경화시켜 욕실 타일을 코팅하듯 발랐다. 그리고 욕조 옆 빈 공간에 맞춰 철제 수납함을 만들어 넣고 샤워커튼을 설치했다.

● **침실 책상, 다이닝 테이블, 거실 수납장**
책상과 다이닝 테이블, 거실 수납장은 철제 앵글을 사이즈에 맞게 주문해 직접 만들었다. 맞춤가구라 공간 활용도가 높다.

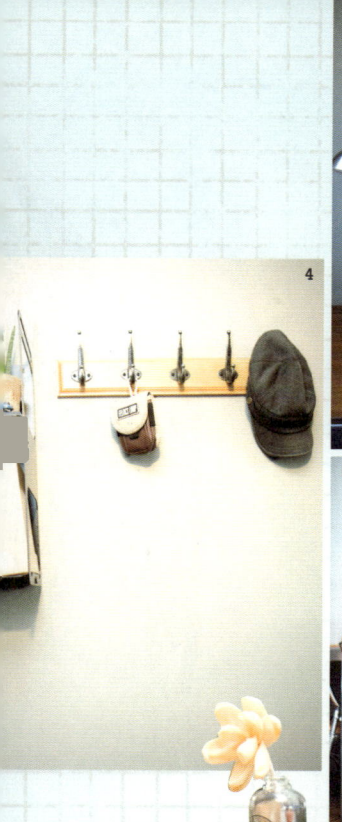

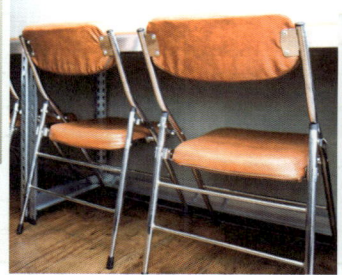

Styling

- **빈티지 스타일에 어울리도록 조명은 은은하게**
  침실과 거실, 작업실에는 메인 등을 설치하지 않고
  스탠드나 집게 등으로 조명을 대신했다.

- **방문 대신 커튼 달기**
  작은 집이라 여닫이문은 답답한 느낌이 강했다.
  그래서 욕실을 제외한 방문 2개는 떼어 내고 커튼으로
  대체했다.

- **철제 앵글 가구와 빈티지 소품의 만남**
  인더스트리얼 스타일의 가구에는 세월이 느껴지는
  빈티지한 아이템이 잘 어울린다.

- **벽 옷걸이 하나도 콘셉트에 맞추기**
  수시로 입고 벗는 겉옷을 자연스레 걸어둘 옷걸이가
  필요해 욕실 옆 빈 공간에 빈티지한 옷걸이를 달았다.

Shopping Point

거실 소파 이케아 브랜드로 중고시장에서 30만
원대에 구입.

책상 의자, 다이닝 테이블 의자 사무용
접이의자로 동양사무가구에서 구입.

침실 수납 선반장 이케아 브랜드로 아이컴퍼니
www.icompany.tv에서
6만 원대에 구입.

거실과 작업실 사이 벽 선반장 이케아 브랜드로
아이컴퍼니 www.icompany.tv에서 10만
원대에 구입.

거실과 침실의 캐비닛 사무용 수납함으로 총
90만 원대에 구입.

two room

자연의 색을 담은
북유럽
그린 하우스 19평 62m²

다양한 컬러가 경쾌하게 믹스된 이곳은 송미경 씨의 아담하고 작은 아파트다. 그녀는 오래된 아파트에서 신혼을 시작하지만 밝고 사랑스러운 분위기를 내고 싶어 컬러감을 중시하는 북유럽 스타일의 인테리어를 담기로 했다.

가장 먼저 신경 쓴 곳이 현관문을 열고 들어서면 바로 보이는 다이닝 룸. 가볍게 천연 오일로 마감한 자작나무 테이블을 놓고 컬러감이 돋보이는 사출의자로 포인트를 주었다. 속이 비어 있어 일명 '공기의자'라고도 불리는 사출의자는 실용성을 강조하는 북유럽 스타일에 가장 잘 어울리는 소품이다. 가벼운 것도 마음에 들었지만 무엇보다 신혼의 발랄함이 느껴지는 사랑스러운 컬러와 디자인에 끌렸다고. 바닥에는 레드 컬러 스트라이프 러그를 매치해 공간감을 살렸다.

"복도식 아파트의 맨 끝집이라 구조가 다른 곳과는 달라요. 거실이 없고 주방과 다이닝 룸, 그리고 방 2개, 베란다, 창고로 되어 있죠. 현관에서 가장 먼저 보이는 곳도 거실이 아닌 다이닝 룸이라 자연스럽게 다이닝 룸을 거실로 활용하게 되었죠. 그래서 컬러가 돋보이는 의자와 고급스러운 원목 테이블을 골랐어요."

방 2개 중 하나는 커플만의 침실로, 다른 하나는 서재로 이용한다. 가장 큰 방이기도 한 침실은 좀 더 넓어 보이는 효과를 주기 위해 벽 쪽에 거울을 달고 자연의 느낌을 강조하는 그린 컬러의 패턴 벽지를 발랐다. 포인트가 되는 이 벽은 신혼부부의 파릇파릇한 감성이 그대로 묻어난다.

◆ 피아노 강사 송미경
◆ 서울 노원구 중계동 아파트

룸 활용도를 높여 다이닝 공간 확보하기

Room 1

침실 + 드레스 룸
똑똑한 수납용 가구로 깔끔하게

가장 큰 공간인 침실은 그린 컬러 벽지와 우드 소재
가구의 조화가 눈에 띈다. 침대와 옷장, 화장대를
겸할 수 있는 수납장까지 모두 우드 소재로 통일해
공간을 보다 넓어 보이게 했다.

서재 + 냉장고   **Room 2**
부족한 공간 나눠 쓰기

다른 방은 서재로 꾸몄다. 천정 높이까지 큰 책장을 넣고,
창가에 테이블을 두었다. 재밌는 것은 부족한 주방을 대신해 방문 벽 쪽에 자리
잡은 냉장고! 주방과의 동선을 최대한 줄여 불편함을 덜었다.

two room

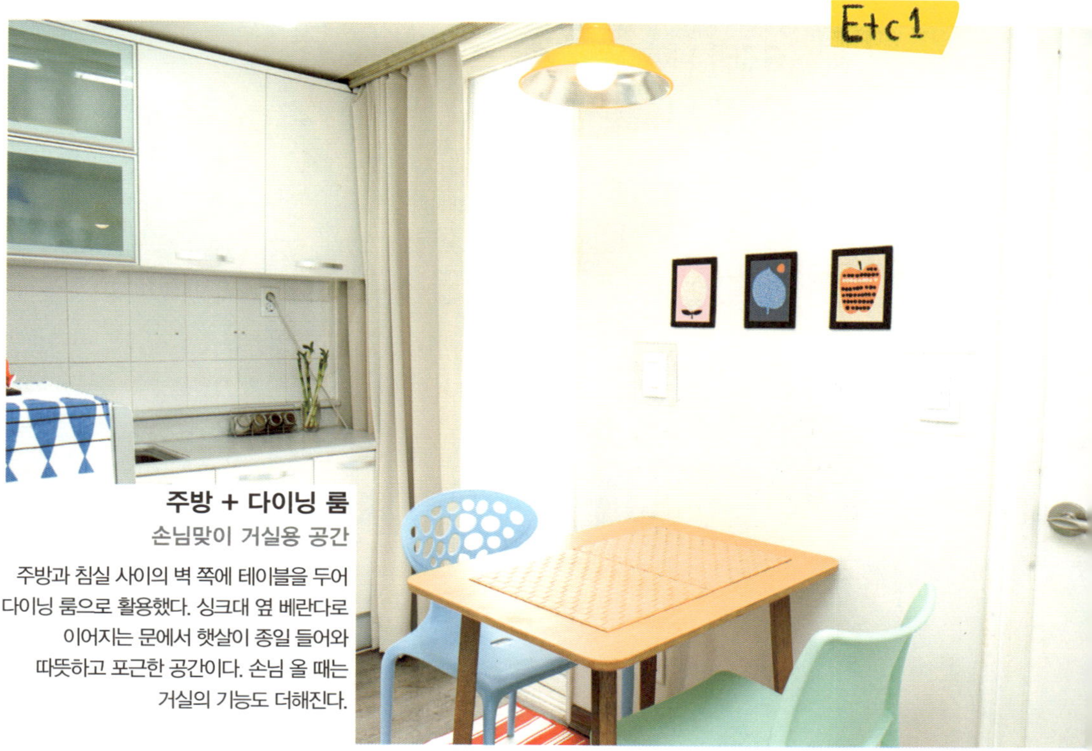

주방 + 다이닝 룸
손님맞이 거실용 공간

주방과 침실 사이의 벽 쪽에 테이블을 두어
다이닝 룸으로 활용했다. 싱크대 옆 베란다로
이어지는 문에서 햇살이 종일 들어와
따뜻하고 포근한 공간이다. 손님 올 때는
거실의 기능도 더해진다.

E+c 2

욕실
그린과 옐로 컬러 매치로 경쾌하게

애초 샤워기만 설치되어 있었는데 반신욕을
좋아해 간이욕조를 따로 넣었다. 무겁지 않아
쉽게 설치가 가능하고 필요치 않으면 쉽게
치울 수 있어 편리하다.

공간을 넓어 보이게 하는 반짝 아이디어

송미경 씨가 이 집을 꾸밀 때 가장 중요하게 생각한 것은 '어떻게 하면 공간을 넓어 보이게 할까?'였다. 고민 끝에 침실 벽에는 가로로 긴 거울을 두어 답답하지 않고 넓어 보이는 효과를 주었고, 다이닝과 복도 쪽에는 컬러풀한 소품 액자를 벽에 붙여 시선을 분산시키는 아이디어를 발휘했다.

1 다이닝 공간에는 옐로 컬러의 조명을, 침실 옆 복도 벽에는 북유럽 패턴의 패브릭 액자를 걸어 시선을 분산시켰다.
2 공간이 좁아 가구의 수는 줄이고 기능은 늘렸다. 화장대도 서랍 윗부분을 들어 올리면 거울이 있고 화장품을 수납할 수 있는 공간이 있는 멀티 수납장을 골랐다.
3 긴 거울 액자를 한쪽 벽에 달았는데 침실에 들어서자마자 자연스레 시선이 거울로 향해 넓어 보이는 효과가 있다.

1

2   3

화이트와 그린 컬러로 공간을 감각적으로

집 안에 들어서면 탁 트이는 공간 없이 바로 방으로 이어지는 구조라 벽과 방문은 화이트로 칠해 시원하고 넓어 보이는 효과를 주었다. 여기에 식탁 조명과 식탁 의자, 액자, 포인트 벽지로 컬러감을 주어 밋밋함을 덜고 감각적으로 보이게 직접 스타일링했다.

● **포인트 벽지로 산뜻하고 발랄하게**
내추럴 원목 스타일의 가구를 선택했다면 벽 한 쪽은 포인트 벽지를 하는 것도 좋겠다. 침실의 산뜻한 그린 컬러 벽지가 방 전체를 환하게 만들어준다.

● **손쉽게 만들 수 있는 셀프 액자로 컬러풀하게**
집 안을 좀 더 생기 있게 만들려면 패브릭이나 사진으로 꾸민 액자를 걸어두는 것도 방법이다.

● **집이 작다면 거울로 확장 효과**
공간을 넓어 보이게 하는 아이디어 중 하나가 바로 거울이다. 작은 평수의 경우 벽에 거울 액자를 두거나 큰 거울을 다는 것도 방법이다. 대신 소품은 복잡하지 않게 스타일링 해야 깔끔해진다.

Shopping Point

복도 패브릭 액자 신사동 마리메꼬 매장에서 원단 구입.

침실 거울 액자와 다이닝 테이블
엔토코 www.ntoco.com에서 각각 13만 원대, 30만 원대에 구입.

화장대 도이치가구 www.doich.co.kr에서 59만 원대에 구입.

식탁 조명 인터넷 쇼핑몰에서 3~4만 원대에 구입.

침실 스탠드 이케아 브랜드로 인터넷 쇼핑몰에서 3만 원대에 구입.

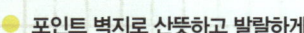

1 벽에 붙인 액자는 가지고 있던 엽서를 블랙 폼보드 지에 붙여서 액자처럼 만든 것. 2 일반 우드락을 원하는 크기로 잘라 양면테이프로 패브릭을 고정한 후 벽에 붙였다. 못을 박지 않아도 되어 전셋집에서 유용하다. 3 침대 옆 협탁을 두면 방이 더 좁아 보일 것 같아 스탠드는 장스탠드로 골랐다. 전체 스타일링을 고려해 화이트 컬러의 심플한 디자인으로 결정. 4 침실 안 거울 액자에는 신혼여행에서 찍은 사진을 올려두었다.

20평대 부럽지 않은 10평대 투 룸 인테리어 TIP

투 룸은 공간 활용도가 높은 편이지만 자신의 라이프스타일에 따라 제대로 구분하고 그에
맞는 인테리어를 해야 만족도를 보다 높일 수 있다. 10평대 투 룸이지만 20, 30평 부럽지
않게 만드는 인테리어 노하우를 소개한다. **도움말** | 인테리어 디자이너 임규범 www.817designspace.co.kr

부족한 공간을 만드는 특별한 방법

- -

1 베란다가 있다면 드레스 룸으로 꾸미기
만약 베란다가 있다면 드레스 룸으로 활용해 보자.
방에 옷장이나 헹거를 두어서 공간이 좁아지지도
않고 베란다에 남는 공간도 활용할 수 있으니 아주
실용적이다. 베란다에 붙박이장을 따로 설치하는 편이
좋지만 여의치 않다면 헹거를 설치하고 지저분해 보이지
않도록 커튼을 달아주는 것도 방법이다.

2 다이닝 룸이 없다면
거실 테이블을 다이닝 테이블로
주방에 아일랜드 테이블을 둘 공간이 없다면 거실에
둘 테이블을 다이닝 테이블로 함께 활용할 수 있도록
해 보자. 다용도 활용이 가능한 테이블이나 펼치면
넓어지는 트랜스포머형 테이블이 적합하다. 의자도 미니
스툴의자를 몇 개 여분으로 두면 많은 손님이 올 때 아주
유용하다.

3 방문 윗 공간을 수납공간으로
보통 방문 위 벽면은 그대로 지나치기 쉽다. 하지만
이곳에 선반을 달아두면 의외로 짱짱한 수납공간이
된다. 시선이 높아 눈에 잘 띄지 않아 산만해 보이지
않으면서 부족한 수납공간을 해결할 수 있기 때문.
벽지와 같은 색상으로 선반을 제작하면 벽을 분할하는
느낌이 들지 않아 좁아 보이지 않는다.

보다 넓어 보이게 만드는 투 룸 개조 요령

- -

1 방문은 슬라이딩 도어로 교체
여닫이문은 열고 닫을 때 그만큼 공간이 필요하므로
공간 활용도가 낮다. 방문을 교체하려고 한다면
슬라이딩 도어로 바꾸는 편이 좋다. 문을 열고 닫을 때
필요했던 공간에 가구를 두거나 디스플레이 공간으로
활용할 수 있기 때문.

2 벽지와 바닥 색상을 통일하기
공간을 넓어 보이게 하고 싶다면 벽지와 바닥 색상을
통일해 착시 효과를 주는 편이 좋다. 만약 벽지와
천장, 그리고 바닥까지 화이트로 통일했다면 컬러플한
가구나 소품으로 포인트를 준다. 색상을 통일하지 못할
경우라면 비슷한 톤으로 맞추는 게 좋다.

3 붙박이장으로 심플하게
투 룸을 보다 넓게 쓸 수 있는 방법 중 하나가
붙박이장을 설치하는 것이다. 공간을 많이 차지해
집이 좁아 보일지 모른다는 선입견은 버리자. 공간을
잘 활용해 붙박이장을 설치하면 자질구레하고 복잡한
생활용품과 소형가전을 모두 수납할 수 있어 집이 훨씬
깨끗해지고 오히려 넓어 보일 수 있다.

3

생활패턴에 따른 투 룸 공간 활용법

**1 거실이 따로 있는 경우,
　방1, 방2 나누는 법**

거실이 따로 있다면 방 1과 방 2는 좀 더 쉽게 공간을
나눌 수 있다. 거실을 제외한 침실이나 작업실, 서재,
드레스 룸 중 어느 공간을 가장 넓게 쓰고 싶은 지를
고민하면 된다. 예를 들어 침실은 잠만 자는 공간으로
두고 서재와 작업실을 크게 쓰고 싶다면 방 1과 방 2중
좀 더 큰 공간에 서재 겸 작업실을 두고 작은 공간을
침실로 쓰면 되는 것. 또는 드레스 룸이 커야 한다면
드레스 룸은 작은 공간에 독립적으로 따로 두고 큰
공간을 침실 겸 서재나 작업실로 활용한다.

**2 거실이 따로 없는 경우,
　방1, 방2 나누는 법**

거실이 따로 없다면 자신의 생활공간에 거실의 구분이
꼭 필요한지, 침실과 같이 사용하는 것이 좋을지, 서재와
같이 사용하는 것이 좋을지 한 번 생각해 보아야 한다.
손님이 자주 찾아오고 잠자는 공간과는 확실히 구분하고
싶다면 방 1과 방 2 중에서 큰 공간은 거실 겸 서재나
작업실로, 작은 공간은 침실로만 활용하는 것이 좋겠다.

**3 미닫이문으로 된 방이 있다면
　오픈해서 거실처럼**

작은 방과 미닫이문으로 된 방이 있는 투 룸이라면
미닫이문으로 된 방을 오픈해서 활용하는 것도 보다
공간을 넓게 쓰는 요령이다. 미닫이문을 떼어 내면 집이
훨씬 넓어 보일 뿐 아니라 거실 공간이 따로 있는 효과를
얻을 수 있기 때문이다. 이 때 오픈된 공간은 거실 겸
서재나 작업실로 활용하는 편이 낫다.

꼼꼼 체크! 리모델링 & 셀프 인테리어 시 주의사항

● **전 입주자에게 현재 집의 상태를 정확히 물어볼 것**

리모델링이나 셀프 인테리어를 하려면 전 입주자에게 누
수, 우풍, 소음 등 현재 상태에 대해 꼼꼼하게 물어보는
것이 좋다. 집의 문제점을 제대로 파악하고 마감재나 바
닥, 그리고 단열 등을 어떻게 할지 결정해야 하기 때문.
셀프로 인테리어를 하려고 해도 결로 현상이 있거나 습기
가 자주 차서 곰팡이가 생긴다면 반드시 곰팡이를 제거하
고 곰팡이 방지 코팅제를 바르거나 곰팡이 방지용 벽지나
페인트를 바르는 것이 좋다.

● **전세나 월세라면 원래 있던
　기구들은 따로 챙겨둘 것**

주인의 허락을 받지 않고 셀프 인테리어를 한다면 이사 갈
때 원상복구를 해야 한다는 점을 잊지 말자. 조명이나 방
문 손잡이 등을 교체할 때에도 원래대로 해둘 수 있도록
따로 챙겨두어야 한다. 만약 붙박이장이나 방문 등을 페인
팅하고 싶다면 원상복구가 어려우니 꼭 주인에게 사전 동
의를 얻어야 한다.

● **리모델링 시 주방은 가급적 콤팩트하게**

작은 평수에 방이 2개가 있는 구조라 주방은 되도록 콤팩
트한 싱크대를 설치하는 게 좋다. 조리대나 다이닝 테이
블을 겸하는 아일랜드 형 싱크대는 10평대에선 적합하지
않다. 다이닝 공간이 꼭 필요한 경우 아일랜드 테이블을
두는 편이 낫다. 아일랜드 테이블에 전자레인지나 전기밥
솥 등을 넣을 수 있는 수납형이라면 더욱 실용적이다.

two-storied

같은 평수라도 2개의 층으로 나뉜 복층은
사용 면적이 보다 넓어 마치 큰 평수에 사는 기분을
느낄 수 있다. 어릴 적 꿈꿨던 다락방이나 이층집의
로망이 그대로 전해지는 다양한 복층 집을 소개한다.

duplex one room

에디터
커플이 꾸민
캐주얼 룸 카페 12평 39m²

CHECK POINT

형태 | 복층 오피스텔
평형 | 12평 39m²
구조 | 아래층 침실 겸 서재, 주방, 다이닝 룸
위층 작업실, 옷장
베란다 | 없음
시공 타입 | 셀프 스타일링

이 복층 오피스텔의 주인은 책을 사랑하는 에디터 커플이다. 신혼집으로 복층 오피스텔로 선택한 후 가장 먼저 고민한 것도 '서재를 어떻게 꾸밀까'였다. 처음 생각했던 구조는 위층을 침실로 쓰고 아래층은 서재 겸 다이닝 공간으로 만드는 거였다. 먼저 창가와 벽을 걸치는 ㄱ자형으로 책장을 짜서 넣고 정중앙에 6인용 테이블을 두었다. 이렇게 했더니 생각했던 멋진 북 카페 스타일로 완성된 듯 했다. 하지만 에어컨 바람이 들지 않는 위층에서 무더운 여름을 보낸 커플은 인테리어를 변경하기로 했다. 아래층에 침실 겸 서재, 그리고 다이닝 공간을, 위층에 공동 작업실을 두기로 한 것.

색다른 점은 다이닝 공간에 서재 공간을 들인 것. 침실과 다이닝 공간 사이 파티션 역할을 하는 책장을 두어 공간을 분리해 또 다른 공간을 하나 더 들인 듯 한 효과를 주었다. 파티션으로 활용한 이 책장은 원하는 디자인으로 분리하고 재조립할 수 있는 기특한 제품이다. 공동 작업실로 변신한 복층은 마치 어릴 적 꿈꾸던 다락방처럼 책도 보고 TV도 보면서 여유로움을 즐기기에 안성맞춤인 공간으로 바뀌었다.

"오피스텔에서 신혼을 시작한다면 옵션으로 설치된 가구나 가전제품이 어떤 건지부터 알아보는 게 좋아요. 처음 이 집을 선택했을 때 붙박이장이 있고 냉장고와 세탁기가 빌트인으로 설치되어 있어서 가전제품을 따로 구입하지 않았어요."

◆ 에디터 문수아
◆ 경기 분당구 야탑동 복층 오피스텔
◆ blog.naver.com/wewannabooks

복층 오피스텔은 공간을 넓게 쓸 수
있다는 점이 좋죠. 전면에 큰 창이
있어 답답함도 없고요. 천정이 높아
평수가 작아도 훨씬 넓어 보여요.

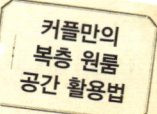

커플만의 복층 원룸 공간 활용법

독립공간과 멀티공간을 동시에 만족시키다

the first floor

침실 + 서재 + 다이닝 룸

▶ **파티션 책장으로 침실 분리**

햇살을 받으면서 아침을 열고 싶은 마음에 침대는 창가 쪽에 두었다. 다이닝 공간과 분리되도록 침대보다 높은 크기로 책장을 넣어 파티션으로 이용했다.

▶ **서재 겸 다이닝 룸으로 멀티공간 완성**

파티션으로, 책장으로 쓰임새가 많은 다기능 책장은 다이닝 룸에 놓아 책을 꺼낼 수 있게 했다. 널찍한 6인용 다이닝 테이블은 손님용 파티 공간으로, 식탁으로, 책상으로 쓰이는 멀티 아이템이다. 여기에 컬러감이 돋보이는 북유럽풍 의자를 매치해 단조로운 우드 계열의 가구에 포인트를 주었다.

duplex one room

the second floor

작업실 + 옷장

▶ 한쪽 벽면에는
미니 드레스 룸 겸 수납장
복층의 한쪽 벽면에는 미니 붙박이장이 설치되어
있다. 오픈식으로 되어 있는 붙박이장에 수납함을
사이즈에 맞게 넣었더니 멋진 수납장이 되었다.
그 앞으로 책을 넣을 수 있는 오픈형 좌식
테이블을 매치했다.

▶ 아날로그 감성을 지닌 작업실
제대로 서 있기 힘든 복층 천정의 높이상,
전반적으로 키가 낮은 인테리어를 했다.
뒹굴뒹굴하며 책도 읽고 작업도 하고 때론 TV도
보는 공간이다.

계단 밑, 주방과 다이닝 룸 경계… 숨어 있는 공간을 공략하다

작은 평수이지만 의외로 숨어 있는 공간이
여럿 있다. 계단 밑, 복층 난간 쪽, 그리고 주방
과 다이닝 룸 사이의 공간이다. 보통 계단 밑은
무심코 짐들을 쌓아두기 일쑤이고 복층 난간 쪽
은 위험하다는 핑계로 버려두기 쉽다. 커플은
이런 공간들에 재미있는 아이디어를 더해 수납
공간을 늘리고 훌륭한 데커레이션 솜씨까지 더
했다.

1 주방과 다이닝 룸을 분리해 준 아일랜드 수납장. 수납장 안에
주방가전이 쏙 들어가 겉으로 보기에 아주 깔끔해졌다.
2 비워진 한쪽 벽면에 작은 가구로 포인트 주기. 벽면에 전신 거울과
미니 화장대만 두기로 했다.
3 복층 난간 부분에는 책을 그냥 늘어 놓았더니 의외로 멋스러우면서도
많은 책을 수납할 수 있다.
4 계단 밑 공간은 미니 수납장으로. 레터링이 된 비닐덮개를 공간박스
크기에 맞춰 자른 후 양면테이프를 이용해 붙여주었다.

1

2 | 3 | 4

저렴하면서 실속 있거나 재활용이거나

Shopping Point

디자인 조립 책장 소프시스 www.sofsys.
co.kr 에서 38만 원대에 구입.

화장대 엔토코 www.ntoco.com에서
35만 원대에 구입.

다이닝 테이블 퍼니매스 제품으로 36만
원대에 구입.

다이닝 의자 트릴로 제품으로
5~6만 원대에 구입.

블랙 스탠드 까사미아에서 10만원 대에 구입.

아일랜드 수납장 필웰제품으로 GS샵에서
19만 원대에 구입.

이 작은 공간을 포근하고 따스하게 만들어
주는 가구와 소품은 저렴하고 실용적인 아이템
이 대부분이다. 겉으로 보기에 아무런 하자 없
어 보이지만 살짝 스크래치난 제품을 저렴하게
구입한 것들이 많고 소품도 새로 사지 않고 재
활용한 것이 많다.

1 비싼 미술작품 대신 감각 있는 일러스트 액자 하나만으로도 공간은 충분히 빛날 수 있다.
2 창가 쪽 침실에는 높은 스탠드를 두어 아늑함을 연출했다. 컬러 포인트가 돋보인다.
3 다이닝 테이블 한쪽 벽면을 장식하고 있는 그림과 사진들은 모두 재활용 아이템.
4 재활용 참기름 병의 화려한 변신. 재활용 아이템이지만 우드 화장대 위에서 로맨틱한 분위기를 만들어주는 기특한 아이다.

two-storied house

신혼의 달콤함이
묻어나는 이국적인 **복층 집** 15평 49m²

CHECK POINT

형태 | 복층 빌라
평형 | 15평 49m²
구조 | 아래층 침실, 드레스 룸, 욕실
　　　　위층 거실 겸 주방, 서재, 욕실, 다락방
베란다 | 없음
시공 타입 | 셀프 스타일링

　　우드로 마감된 독특한 외관부터가 색달랐다. 1층엔 이탈리언 레스토랑이 있는데 위층엔 복층으로 된 가정집이 여럿 있는 구조다. 뭔가 독특한 구조의 집을 만날 수 있을 거란 호기심이 일었다. 그렇게 방문한 이초롱 씨의 복층 집은 기대만큼 멋지고 재밌는 요소가 가득했다.

　　이른바 땅콩집이라 불리는 단독주택처럼 한 층의 평수는 49m² 밖에 되지 않지만 복층인데다 미니 다락방까지 있어 공간 활용도가 높다. 아래층은 침실과 드레스 룸, 욕실이 있고, 위층은 거실 겸 주방, 서재, 그리고 작은 다락방이 있다.

　　이국적인 외관만큼이나 실내도 독특하다. 건축가가 지은 집답게 천정은 박공지붕이고 층고가 아주 높다. 게다가 위층에는 작은 다락방이 있는데 마치 어린 시절 꿈꾸던 동화 속 다락방처럼 아기자기한 공간이다.

　　주로 생활하는 공간인 위층과 침실이 있는 아래층을 오르락내리락하는 게 불편할 만도 하지만 이초롱 씨는 오히려 공간이 분리되어 있어 생활하기에 더 편하단다. "무엇보다 침실과 거실, 주방이 분리되어 있는 게 좋았어요. 손님이 와도 침실을 보여줄 필요가 없고 거실 겸 주방에서만 시간을 보낼 수 있으니까요."

　　이국적인 분위기에 어울리도록 신혼가구는 북유럽 스타일로 정했다. 가구는 내추럴을 기본으로 레트로풍의 빈티지한 스타일을 살짝 믹스하고, 컬러풀한 의자나 소품으로 포인트를 주었다.

◆ 니트 디자이너 이초롱
◆ 경기 용인시 기흥구 보정동
복층 빌라 ◆ blog.naver.com/chorong2222

무엇보다 침실과 거실, 주방이 분리되어 있는 게 좋았어요.
손님이 와도 프라이빗한 침실을 보여줄 필요가 없고 거실 겸
주방에서만 시간을 보낼 수 있으니까요.

침실은 비밀스럽게,
거실과 주방은 개방형으로

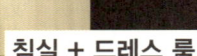

the first floor

침실 + 드레스 룸

▶ 따스하고 사랑스러운 침실 연출
가구는 침대와 화장대만 넣어 복잡한 요소를 배제하기로 했다. 침대는 헤드가
없는 심플한 디자인으로 원목의 자연미를 강조한 디자인을 골랐고, 빈티지
스툴이 매력적인 레트로 화장대와도 잘 어울린다.

▶ 침실과 이어지는 드레스 룸은 커튼으로 분리
침실에서 드레스 룸으로 바로 갈 수 있도록 미닫이문으로 연결되어 있는데 침실
쪽에서 드레스 룸이 보이는 게 미관상 좋지 않아 커튼을 달았다. 마치 큰 창
하나가 더 있는 것처럼 보인다.

거실 겸 주방 + 서재

▶ 소통을 위한 오픈형 주방

위층은 서재만 방으로 구분되어 있고 거실과 주방은 오픈되어 있다.
좋은 점은 서로 공간을 공유할 수 있다는 것. 요리를 하면서도 대화를 할
수 있고, 식탁에 앉아 담소를 나누기에도 좋다.

▶ 분리되어 있지만 거실, 주방과 함께 있는 서재

서재는 거실 겸 주방과는 분리된 구조다. 하지만 통창이라 답답해
보이지 않는다. 서재에서도 거실이 보이기 때문에 동떨어진 느낌도 들지
않는다.

garret

미니 다락방

▶ 손님을 위한 게스트 룸

다락방은 손님을 위한 게스트 룸이다. 가끔 찾아오는 지인들이
머물다 가기도 한다. 화이트 톤의 심플한 침대 아래에 튀지
않는 패턴의 러그를 매치했다.

소품으로 빈 공간을 멋지게 꾸미다

많은 소품으로 화려하게 데커레이션하기 보다 빈 공간을 찾아 거기에 어울리는 소품으로 포인트를 주어 한결 공간이 멋스럽다. 현관 앞 복도에는 패션숍에서나 볼 수 있는 클래식한 전신 거울을 놓고, 침실에는 작은 스텝 스툴에 아기자기한 소품을 올려두어 독특한 디스플레이 코너를 만들었다.

1	2	
3	4	5

1 현관과 욕실 사이 복도에는 전신 거울을 두고 말린 꽃과 꽃병, 향초로 색다른 분위기를 만들었다.
2 주방과 거실의 경계는 따로 두지 않았다. 대신 분리된 공간임을 주기 위해 빈백 소파를 놓았다.
3 침실 창가 아래 빈 공간에는 스텝 스툴을 놓고 작은 소품과 디퓨저, 그리고 테디베어 인형을 놓았다.
4 서재 책상 밑에는 자질구레한 잡동사니를 넣어둘 수 있는 수납함을 넣었다.
5 이 집에서 계단은 특별하다. 꽃이 만발하는 봄에는 갖가지 화분을 놓아 미니 가든으로 만들기도 한다.

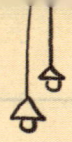

향초, 디퓨저, 꽃으로 로맨틱하게

보기만 해도 기분이 좋아지는 꽃이나 은은한 향초, 디퓨저 등은 그녀가 즐겨 사용하는 인테리어 아이템이다. 특히 향초는 자주 켜두는데 집 안 향기를 그윽하게 해줄 뿐 아니라 스트레스를 덜어주는 효과도 있어 즐겨 찾는다.

1 꽃병은 재활용 아이템으로

음료수 병이나 디퓨저 병을 활용해 꽃을 꽂아두었다. 굳이 새로운 꽃병을 사지 않아도 되니 경제적이다.

1

3 그래픽 스티커로 아기자기하게

창문에는 이전 주인이 붙여둔 그래픽 스티커가 그대로 남아있다. 안주인이 직접 떼어내려다 그대로 두었다는데 의외로 창문에 색다른 재미를 준다.

2

3

2 디퓨저와 향초로 은은하게

꽃과 함께 집 전체를 사랑스러운 분위기로 만들어주는 것이 바로 디퓨저와 향초다. 곳곳에 놓으니 은은한 향이 집 안을 감싼다.

5 경쾌한 분위기로
만들어주는 빈티지 의자

원목 다이닝 테이블을 더욱 돋보이게 해 주는
것이 바로 컬러감이 산뜻한 빈티지 의자다.
테이블과 같은 소재의 의자를 두려다가 컬러
포인트를 주고 싶어 고른 아이템이다. 다소
내추럴한 주방과 거실에 생기를 준다.

4 포인트 조명으로 아늑한 분위기

거실을 분리된 공간으로 연출하고 싶을 때는 벽 조명으로
색다른 분위기를 낸다. 은은한 주황빛 조명은 분위기를 좀 더
아늑하고 포근하게 만들어준다.

6 주방가전 컬러는 모던하게

싱크대에는 여러 가지 주방용품 때문에 복잡해 보일 수
있다. 그래서 주방가전이나 조리 도구, 주방용품은 실버와
블랙으로 컬러를 통일했다.

Shopping Point

다이닝 테이블 홍대 더 하우스에서 주문 제작.

침실 화장대 의자와 식탁 의자는 을지로 가구점
'MOO'에서 구입.

거실 벽 조명 을지로 에디슨 전구에서
10만 원대에 구입.

침실 화장대 메스티지데코 www.mestideco.
co.kr에서 60만 원대에 구입.

현관 전신거울 신사동 가로수길
줌 포스터에서 구입.

duplex one room

빈티지 카페
스타일의 복층 원룸 16평 52m²

CHECK POINT

형태 | 복층 오피스텔
평형 | 16평 52m²
구조 | 아래층 거실, 주방, 욕실
　　　　위층 침실
베란다 | 없음
시공 타입 | 셀프 스타일링

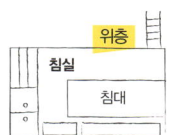

빈티지 마니아 김상만 씨의 복층 원룸은 유머러스한 소품과 운치 있는 빈티지 가구가 어우러진 독특한 공간이다. 거실로 쓰고 있는 아래층은 레트로풍의 TV장과 살짝 부식되어 멋스러운 빈티지 캐비닛, 그리고 내추럴한 선반과 소품으로 꾸몄다. 침실인 위층은 좋아하는 프라 모델, 피규어 등 장난감을 데커레이션 해 동심으로 돌아간 듯 즐거워지는 공간으로 만들었다.

집 구경을 하자마자 계약을 서둘렀다는 그의 말처럼, 색다른 조명과 복층 계단 등 현대적인 인테리어가 돋보인다. 한남동에서도 가장 핫한 거리에 위치했다는 점도 그의 마음을 이끈 요소다.

카페 매니저로 일하게 되면서 인테리어에 관심이 많아졌다는 그는 직접 소품을 고르러 해외에 다니면서부터 빈티지의 매력에 눈을 뜨게 되었단다. 특히 일본풍의 내추럴하면서 빈티지와 모던을 믹스한 스타일에 푹 빠졌다. 집 안을 아기자기하게 만들어준 빈티지 소품들 대부분 카페 인테리어를 위한 소품 구입차 떠난 해외 출장에서 한두 개 씩 구입해 모아온 것들이다. 이렇게 카페 스타일의 빈티지가 좋아지다보니 자신이 사는 집도 카페 스타일이 믹스된 빈티지 룸으로 꾸미게 되었다.

"빈티지가 주는 정겨움과 멋스러움이 몸에 맞는 듯 편안해요. 너무 깔끔하게 떨어지는 차가운 느낌은 정이 없어 보여서 멀리하게 되지요. 추억을 생각나게 하는 장난감이나 피규어를 좋아하는 이유도 따스한 감성 때문이죠."

◆ 카페 매니저 김상만
◆ 서울 용산구 한남동 복층 오피스텔

재미있는 장난감은 동심을 불러오기도 하고
유쾌한 인테리어 소품도 되지요. 집 안 곳곳에 두면
이 작은 소품들이 공간에 활력을 불어넣는답니다.

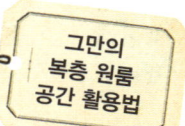

침실과 거실, 서로 다른 스타일로 채우기

the first floor

거실 + 주방

▶ **답답함을 덜기 위해 거실 가구 줄이기**
작은 평수라 가구를 많이 들이면 답답한 느낌을 줄 수 있어
아래층은 가구를 가급적 줄였다. 간단하게 TV장과 좌식
컴퓨터 책상, 다양한 아이템을 수납하는 캐비닛만 들였다.

▶ **빈티지한 캐비닛을 수납가구로 활용하기**
그의 집에서 가장 눈에 띄는 가구는 단연 캐비닛이다.
빈티지한 분위기를 내기 위해 직접 가구점에 주문해 만든
것으로, 집의 핵심 가구로 자리 잡았다.

duplex one room

침실 + 미니 서재 + 옷장

▶ **좌식 테이블로 미니 서재 들이기**

침대 바로 옆에 좌식 테이블을 놓아 독서공간으로 활용 중이다. 가끔은 좋아하는 프라모델을 직접 조립하거나 컴퓨터로 영화를 보기도 한다.

▶ **심플한 수납박스로 부족한 옷장 추가하기**

겉으로 드러나지 않게 수납할 수 있는 큰 가구를 놓을 수가 없어 복층 천정에 맞춰 수납박스를 여러 개 넣었다. 같은 디자인으로 선택해 통일성을 주니 깔끔해 보인다.

TV장 위, 캐비닛 위, 침대 옆… 틈새 수납공간을 찾아내다

1

2 3 4

작은 집에서는 큰 가구 대신 수납공간에 맞춘 수납 아이템을 두는 것이 효과적이다. 한쪽 벽면을 차지하고 있는 캐비닛 위에도 쓰고 남은 와인박스를 올려 수납공간을 만들었다. 복층에는 수납박스와 벽 사이 작은 공간에도 공간박스를 넣어 미니 책꽂이로 활용했다. 이불 등 덩치가 큰 살림살이나 철지난 선풍기, 청소기 등은 붙박이장에 넣어 집이 지저분해 보이지 않도록 신경 썼다.

1 캐비닛으로만 한쪽 벽면을 채우면 답답해 보일 수 있어 캐비닛과 캐비닛 사이에 키가 낮은 서랍장을 넣었다.
2 위층 침실은 침대를 벽 쪽에 붙이지 않고 공간을 띄워 미니 서재 공간을 만들었다. 마치 아지트처럼 재미있고 비밀스러운 공간이 되었다.
3 옷장 수납박스와 벽 사이 남는 공간에는 활용도가 높은 공간 박스를 올려 미니 책장을 만들었다.
4 캐비닛 위를 멋스럽게 장식하고 있는 빈티지 박스는 사실 재활용 와인박스다. 각종 잡동사니를 넣어두는 수납함으로 이용했다.

복층 오피스텔
셀프 스타일링 노하우

빈티지와 북유럽 레트로, 키덜트의 만남

잘 어울릴까 싶은 스타일 3가지가 만났다. 바로 빈티지와 레트로, 그리고 키덜트 스타일이다. 빈티지와 레트로의 다소 무거운 느낌을 덜어주는 게 키덜트 아이템이다. 귀여운 피규어나 프라모델, 장난감들은 철제나 다운된 원목 가구의 칙칙한 느낌을 완화시켜주는 역할을 한다. 복층 난간, 계단, 벽을 활용해 다양한 소품을 매치하는 센스도 굿.

1 복층이라 천정이 높은 편. 아래층 벽면이 허전해지기 쉬운 구조다. 그래서 TV장 위에 긴 선반을 달았다.
2 현관에 있는 철제 계단 우산꽂이는 원래 침대 계단이었다. 전에 쓰던 2층 침대의 계단을 우산꽂이로 활용 중이다.
3 다소 딱딱해 보일 수 있는 독신남의 싱글 룸에 생기를 주는 것이 바로 레드 의자와 미니 화분이다.
4 철제로 된 복층 난간은 자칫 삭막해 보일 수 있어 앙증맞은 피규어를 늘어놓았다. 그 옆에 집게 등을 달아주었다.

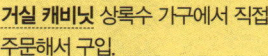

Shopping Point

거실 캐비닛 상록수 가구에서 직접 주문해서 구입.

거실 TV장과 위층 테이블 메스티지 데코 www.mestideco.co.kr에서 각각 30만 원대에 구입.

거실 레드 컬러 의자 이케아 브랜드로 3만 원대에 구입.

스카이 블루 빈티지 LP플레이어 텐바이텐 www.10x10.co.kr에서 40만 원대에 구입.

duplex one room

책을 사랑하는
북 디자이너의
화이트 스튜디오 17평 56m²

CHECK POINT

형태 | 복층 오피스텔
평형 | 17평 56m²
구조 | 아래층 작업실, 서재, 주방
　　　　위층 침실
베란다 | 없음
시공 타입 | 업체 리모델링 + 셀프 스타일링

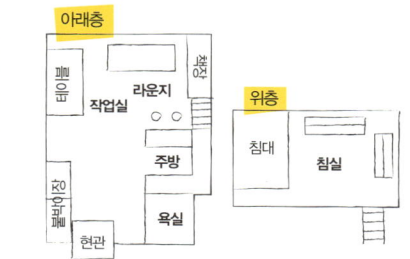

부모님과 함께 살던 스무 살 무렵부터 방 꾸미기를 즐겼다는 민유경 씨. 그녀에게 인테리어는 자신만의 취향을 고스란히 드러내는 일이다. 첫 독립 공간이었던 원룸 전셋집도 직접 페인팅하고 바닥도 깔고, 맞춤가구를 짜 넣었다고. 남들은 전셋집인데 왜 그렇게 공을 들이냐 했지만 그녀는 생각이 달랐다. 한순간이라도 내가 살면 나의 집이니까 예쁘게 꾸며야 하는 건 당연하다고 여겼다. 자기 방부터 원룸, 그리고 지금의 복층 오피스텔로 이어지면서 그녀의 인테리어 취향은 분명해졌고 그 때부터 모아둔 인테리어 소품은 지금 그녀의 복층 오피스텔을 멋지게 꾸며주는 보물이 되었다.

사실 이 집은 애초 복층 구조가 아니었다. 프리랜서로 일하는 직업 특성상 작업공간과 거주공간이 구분되는 곳을 원했고 입주와 함께 복층 공사를 과감하게 하기로 결정했다. 그러면서 아래층 작업공간은 넓은 스튜디오 형태로, 위층은 거주공간으로 분리하게 되었다. 책을 사랑하는 그녀가 가장 공들인 공간은 아래층 한쪽 벽면을 꽉 채운 책장이다. 복층 천정까지 이어지도록 책장을 넣었지만, 원목을 화이트 컬러로 골라 답답해 보이지 않는다. 위층은 주거공간으로 침실과 작은 TV, 그리고 수납장만 두어 심플하게 했다.

전체적인 인테리어 콘셉트는 편안한 북유럽 스타일. 소파와 테이블, 책상과 장식장, 의자 등도 모두 북유럽 스타일로 통일했다. 그 외에 내추럴한 원목과 화이트 톤을 접목해 자연과 가까운 느낌이 드는 심플함을 더했다.

"가구는 전체적으로 어울려야 하기 때문에 한 가지 콘셉트를 정해야 한다고 생각해요. 소품은 나의 취향이 드러나는 것이어야 하고요. 내 이야기가 담긴 소품은 오래 두어도 사랑스럽고 정감이 가거든요"

◆ 북 디자이너 민유경
◆ 경기 수원시 팔달구 인계동 오피스텔

작업공간과 생활공간을 철저하게 분리해야 일에 지장을 받지
않아요. 그래서 복층 구조가 좋은 것 같아요. 아래층은 작업실
겸 라운지로, 위층은 나만의 생활공간으로 분리를 했죠.

기능적으로 공간을
재설계하다

the first floor

작업실 + 서재 + 주방

▶ **작업용 책상과 손님용 소파로 스튜디오처럼**
집중도를 높이기 위해 작업용 테이블은 벽 쪽으로 붙여두었고, 손님용 소파와
테이블은 멋스러운 북유럽풍 레트로 스타일로 골랐다.

▶ **주방은 아일랜드 테이블로 작업실과 분리**
작업실 겸 라운지와 주방 사이에 아일랜드 테이블을 두어 공간을 분리했다.
테이블로도 쓸 수 있도록 빈티지한 스툴을 놓아 활용도를 높였다.

the second floor

침실

▶ 가장 편안하고 안락한 휴식처

층고가 낮기 때문에 침대 헤드는 생략했다. 간단한
서랍장과 TV, 잡지꽂이만 매치해 심플함을 강조했다.
가구도 내추럴한 우드 컬러로 통일.

▶ 내추럴하고 아기자기한 소품으로
여성스럽게

서랍장 위에 올려둔 라탄 바구니와 밀짚 모자가
로맨틱하다. 침대 맞은편 벽에는 아기자기한 소품을
수납할 수 있는 작은 선반장이 있다.

맞춤가구와 소품으로 산만하지 않게

작은 집이라 수납이 꼼꼼하게 정리되지 않으면 지저분하고 산만해 보인다. 그래서 숨어 있는 공간을 찾아 되도록 수납에 활용할 수 있도록 했다. 계단 아래 공간에 와인 렉을 두거나 주방 아일랜드 테이블 아래 주방가전 제품을 수납할 수 있도록 맞춤가구로 짜 넣었다.

1 계단 아래 남는 공간에는 와인 렉을 넣어두고 작은 스툴 위에 빈티지 전화를 올려 데커레이션했다.
2 그녀가 아끼고 사랑하는 북유럽 찻잔과 그릇 등은 아일랜드 테이블 측면에 수납 후 유리문을 달아 인테리어 효과까지 높였다.
3 아일랜드 테이블 아래는 각종 주방용품을 수납했고, 바로 옆 자투리 공간에는 그릇장을 짜 넣었다.
4 욕실 샤워부스 안에도 욕실용품이 지저분하게 늘어져 있는 것이 싫어서 수납 스툴을 넣었다.
5 주방과 욕실 사이 벽면에는 미니 장을 고정시킨 뒤 에스프레소 잔으로 세팅했다. 그 아래 컬러풀한 미니 타올을 걸어 실용성도 살렸다.

1

2　3　4　5

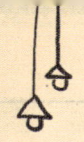

북유럽풍 모던 레트로를 만나다

전체 가구는 레트로 스타일에 맞춰 우드 톤으로 통일하고 소파와 테이블도 톤 다운 컬러의 빈티지 스타일로 선택했다. 그 외 책장이나 주방, 붙박이장은 화이트로 통일해 모던한 느낌을 살짝 가미해 주었다. 작은 소품들도 디자인적인 감성과 북유럽 스타일의 자연미와 컬러가 돋보인다.

Shopping Point

침실 원목 수납장 까사 쇼핑몰 www.CASA.co.kr에서 80만 원에 구입.

거실 소파 designspace에서 1백만 원대에 구입.

화이트 컬러 1인 체어 까사 쇼핑몰 www.CASA.co.kr에서 16만 원에 구입.

책상으로 사용 중인 식탁 테이블 & 수납장 메스티지데코 www.mestideco.co.kr에서 각각 31만 원, 49만 원에 구입.

아일랜드 테이블 스툴 인디테일 www.indetail.co.kr에서 개당 28만 원에 구입.

1·4 자연미가 느껴지는 내추럴한 선반에 앙증맞은 빈티지 소품을 올려둔 센스가 남다르다. 금방이라도 잠이 쏟아질 듯 푸근한 느낌의 쿠션은 침실을 더욱 아늑하게 만들어준다. 2 천정이 높아 책장을 높고 남은 공간에는 액자를 걸어두었다. 늘어지며 떨어지는 조명과 함께 갤러리에 온 듯한 분위기를 전한다. 3 고급스러움과 빈티지가 동시에 느껴지는 레트로 소파는 2인용과 1인용을 따로 매치해 변화를 주고 테이블은 심플하면서도 곡선의 미가 살아 있는 디자인을 골랐다. 5 그녀가 제안하는 책 꽂는 방법은 바로 컬러별 수납. 레드, 옐로, 블루, 그린 등 컬러 톤을 몇 가지 정해 놓고 그 원칙에 따라 책을 수납하면 예쁘게 정리할 수 있고 깔끔하다.

가족의 꿈이 담긴
카페 스타일 복층 집 18평 59m²

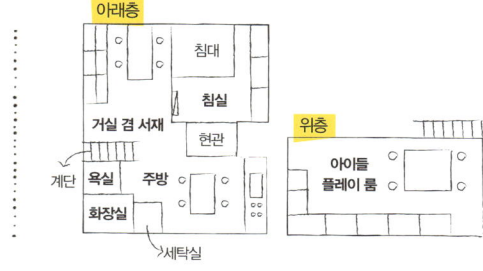

CHECK POINT

형태 | 복층 타운하우스
평형 | 18평 59m²
구조 | 아래층 침실, 거실, 주방, 욕실
　　　　위층 플레이 룸
베란다 | 없음
시공 타입 | 업체 리모델링 & 셀프 스타일링

부부는 작지만 가족이 아기자기한 행복을 느끼며 살 수 있는 공간을 상상했다. 아이들이 밖에서 뛰어놀 수 있는 데크와 마당, 상상력을 맘껏 펼칠 수 있는 작은 다락방… 부부는 이 꿈을 소형 복층 타운하우스에서 펼치기로 했다.

가장 먼저 한 일은 서재 겸 거실을 가장 중앙에 들여놓기. 가족 시간을 많이 갖기 위해 서재 겸 거실을 가장 큰 공간으로 만들고, 가족만의 비밀스런 공간인 침실은 안쪽으로 들어가도록 구조를 바꿨다. 창고로만 쓰이던 위층은 천정을 높이고 노출 콘크리트로 마감한 다음 아이들이 쉽게 오르내릴 수 있도록 나무 계단을 만들었다. 이 공간은 아이들이 하루 종일 뒹굴고 놀 수 있는 플레이 룸이자 아지트가 되었다. 가족 공간이 노출되지 않도록 거실에 유리문을 달아 주방과 분리해 보다 프라이빗하게 만든 것도 특징이다. 손님이 오면 주방에서 시간을 보내고 가족만의 공간인 거실까지 오지 않게끔 한 것.

특별한 패밀리 하우스를 꿈꿨던 터라 어떤 집으로 만들고 꾸밀지 구상하는 데만 몇 달의 시간이 걸렸다. 각종 박람회를 섭렵하고 책을 보고 자료를 수집하면서 가족을 위한 최적의 자재와 가구를 고르기 위해 고심하고 또 고심해서 완성했다. 그래서인지 곳곳에 가족을 위한 아이디어가 가득하다. 침실 침대는 온 가족이 함께 잘 수 있도록 평상형으로 고르고, 거실 바닥은 아이들이 뛰어다녀도 안심되는 쿠션감이 있는 코르크 바닥을 깔았다. 욕실과 화장실을 분리한 이유도 마찬가지다. 복층 난간은 주방에서 요리하면서 위층에서 아이들이 노는 모습을 볼 수 있도록 오픈형 격자무늬 틀을 넣었다. 이렇게 해서 가족만을 위한 색다른 구조의 집이 완성되었다.

◆ 방송구성작가 김성미
◆ 경기 파주시 야당동 복층 타운하우스

가족을 위한 특별한 공간으로 만들고 싶었어요. 아이들이 마음껏 놀
수 있는 다락방과 가족들이 모여 책도 읽고 즐거운 시간을 나누는 서재
겸 거실, 그리고 함께 요리를 할 수 있는 넓은 주방까지… 온 가족의
웃음소리가 끊이질 않는 작은 복층집이랍니다.

부부만의
복층집
공간 활용법

아래층은 가족을 위한 멀티 룸
위층은 아이들의 아지트

침실 + 거실 + 주방 + 욕실

▶ **거실 겸 서재는 멀티 스페이스로**
1층 거실 겸 서재는 가족이 함께 하는 시간을 많이 만들기
위한 공간이다. 함께 책을 보고 TV를 볼 수 있는 가장 넓은
공간이다.

▶ **마당을 보며 요리하는 특별한 주방**
현관에서 들어오자마자 보이는 주방은 데크로 통하는 큰
창과도 가까이 있다. 천정이 높아 상부장은
2단으로 만들고, 아일랜드 식탁 위 천정에는 특별한
와인코너를 설치했다.

▶ **온 가족이 함께 잠드는 시크릿 침실**
침실은 현관이나 주방에서는 보이지 않도록 안쪽으로
들어가는 구조로 만들었다. 아늑함을 주기 위해 싱그러운
그린 컬러와 원목으로 꾸몄다.

▶ **가족을 배려한 욕실과 화장실 분리**
반신욕을 좋아하는 남편을 위해 욕실은 일본에서
특별히 공수해온 반신욕 욕조와 히노끼 천정으로 만들었다.

the first floor

duplex one room

플레이 룸

▶ **아이들을 위한 장난감 천국**
자연미가 가득한 나무 계단을 조심스레 오르면
아이들만을 위한 플레이 룸이 나온다. 아이들이
놀고 공부할 수 있도록 장난감 수납장을 짜 넣고
원목 키즈 테이블을 놓았다.

▶ **거실로 통하는 비밀의 문, 나무 계단**
나무 계단에는 비밀이 숨어 있다. 거실과 나무
계단 사이에 유리창을 설치했는데 수납코너를
마련하면서 창이 없는 공간이 생긴 것. 아이들은 이
공간으로 거실을 드나든다.

the second floor

눈에 띄지 않는 공간에 수납하기

아기자기한 복층 집에는 비밀스런 공간이 가득하다. 나무 계단 아래는 책을 꽂는 책장으로, 욕
실용품을 수납하는 수납장으로 변신하였고, 냉장고 옆 벽은 순식간에 세탁실로 바뀌었다. 마치 요
술의 집에 온 것처럼 곳곳에 숨어 있는 수납공간 덕분에 색다른 재미를 찾을 수 있다.

1	2	
3	4	5

1 주방과 화장실 사이 복도에는 부부가 꼭 갖고 싶던
스메그 냉장고를 쏘옥 넣었다.
2 화장실과 냉장고 사이에는 마치 나무 벽처럼 보이는
공간이 있는데 놀랍게도 문을 열면 세탁실이 나온다.
3 나무 계단 아래에 거실로 통하는 부분은 속을 비워서
책장처럼 이용했다.
4 거실 문을 열면 바로 옆 벽에 커다란 동경이 있는데
거울 겸 메모판으로 사용하기 위해 특별히 설치했다.
5 침대 위 벽에는 수납장을 짜 넣고 윗부분은 문을 달고
아래쪽은 오픈형으로 해 수납력을 높였다.

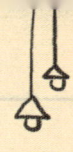

이국적인 소품이 유니크한 공간으로

작은 복층 집을 더욱 특별하게 만들어주는 것이 바로 이국적인 소품이다. 여행지에서 구입해 온 것과 지인으로부터 선물 받은 소품들은 아프리카 풍부터 유럽 앤티크, 캐릭터까지 스타일이 다양해 각 공간을 더욱 버라이어티하게 만들어준다.

1 아프리카 초원을 연상시키는 얼룩말

와일드한 멋이 나는 얼룩말 시계는 거실 벽을 특별하게 만들어준다. 막 달려나올 것 같이 사실적인 묘사가 이채롭다.

2 타히티에서 온 선물

아프리카 타히티에서 공수해 온 주방 벽 그림은 친한 지인으로부터 선물 받은 것. 이국적인 분위기가 주방을 한 층 매력적인 공간으로 만든다.

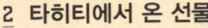

3 유럽으로 여행을 온 것 처럼

거실 한쪽 벽면을 장식하는 클래식한 그림 액자와 콘솔이 돋보인다. 믹스매치 스타일의 소품 데커레이션을 좋아하는 부부의 취향이 잘 드러난다.

duplex one room

4 신혼여행에서 구입한 추억의 소품

주방 천정 와인코너에는 신혼여행으로 다녀온 유럽에서 구해 온 앤티크한 소품을 장식해 두었다. 아일랜드 테이블 위에도 재밌는 캐릭터의 치즈 그레이터를 올려두었다.

4

5

5 동심으로 돌아간 듯한 기분의 벽지

숲을 연상시키는 벽지는 자연과 함께 하고픈 부부의 생각과 닮았다. 자연 속에 들어온 기분이 든다고.

6

6 포인트 컬러로 산뜻한 느낌 주기

경쾌하고 발랄한 컬러가 집 전체 분위기를 밝고 생기 있게 만든다. 가족이 좋아하는 컬러이기도 하다.

Shopping Point

거실 TV장과 레드 서랍함 이케아 브랜드 제품으로 인터넷 쇼핑몰에서 각각 10만 원대, 4만 원대에 구입.

복층 키즈 테이블 레고 제품으로 토이저러스에서 13만 원대에 구입.

아일랜드 옆 1인 원목 의자 박람회장에서 카페의자 도매회사에 전시되어 있던 제품을 4만 원에 구입.

스메그 그린 냉장고 박람회장에서 3백만 원대에 구입.

공간을 내 맘대로, 복층 인테리어 TIP

복층 구조는 추가로 면적을 더 얻을 수 있기 때문에 같은 평형의 다른 구조보다 훨씬 넓게 쓸 수 있다는 장점이 있다. 하지만 방음, 단열 등 꼼꼼히 따져 보아야 할 것들도 많음을 잊지 말자. 전문가가 조언하는 복층 집 인테리어 노하우.

도움말 | 최선희 실장 바라봄 디자인 blog.naver.com/chloe_style

복층을 더 넓어 보이게 하는 아이디어

- -

**1 복층 원룸이라면
창을 시원하게 드러내기**

대부분 복층 원룸의 경우 한쪽 벽면이 모두 창으로 되어 있는 경우가 많다. 공간을 넓어 보이게 하고 싶다면 창을 가리지 말고 드러내는 편이 좋다. 가구는 창이 아닌 벽 쪽으로 두고 부분적으로 블라인드를 설치하거나 커튼은 햇빛이 통과할 수 있는 얇은 소재가 좋겠다.

**2 미니 복층에 침실을 둔다면
침대보다 매트리스**

미니 복층은 천정이 낮기 때문에 프레임이 있는 침대는 공간을 더욱 좁아 보이게 한다. 이럴 때는 매트리스만 두는 것도 방법이다. 난방이 따로 되지 않기 때문에 이불보다 매트리스를 두는 것이 낫다.

3 시선이 위로 향하도록 조명에 포인트

천정이 높기 때문에 시선이 위로 향하게 되면 자연스레 넓어 보이는 효과가 있다. 천정에 포인트가 되는 조명을 단다면 효과 만점. 디자인 감각이 뛰어나거나 컬러감이 있는 스타일로 바꾸자.

복층을 십분 활용하는 인테리어 팁

- -

**1 한쪽 벽면을 천정높이까지
책장을 설치, 북 카페처럼**

천정이 높은 복층의 장점은 높은 벽면을 다양하게 활용할 수 있다는 점이다. 책을 좋아한다면 한쪽 벽에 천정 높이까지 책장을 짜 넣을 수 있다. 벽면을 활용하기 때문에 공간을 많이 차지 않으면서도 멋진 라이브러리를 가질 수 있다.

2 오피스 겸 하우스로

재택근무를 하거나 1인 사업을 하고 있다면 복층은 오피스 겸 하우스로 활용하기 좋은 구조다. 아래층은 오피스로, 위층은 생활공간으로 나누면 된다. 공간을 철저하게 분리할 수 있기 때문에 일의 집중도도 높아진다.

3 쇼룸처럼 드레스 룸 만들기

옷이 많고 패션에 관심이 많다면 과감하게 한 공간을 드레스 룸으로 꾸며 보는 것도 좋겠다. 넓은 공간에 쇼룸을 만들고 싶다면 아래층을, 하나의 독립된 공간에 쇼룸을 두고 싶다면 위층을 이용하면 된다.

3

복층을 효과적으로
활용하는 공간 분리 노하우

**1 원룸형 미니 복층이라면
메인 공간은 아래층으로**

층고를 높여 미니 복층을 만든 원룸이라면 보다 넓은
면적인 아래층을 주된 생활공간으로 삼아야 한다.
작업실을 겸하고 있다면 아래층은 작업실 겸 손님을
맞는 라운지, 위층은 침실 겸 거실 등 개인 생활공간으로
나누는 게 좋다. 만약 침실을 넓게 사용하고 싶다면
아래층을 침실 겸 거실, 서재 등으로 활용하고 위층은
드레스 룸으로 꾸미면 된다.

**2 일반적인 복층이라면
주방 위치에 따라 공간 나누기**

1, 2층이 같은 면적의 복층이라면 주방이 어디에
있느냐에 따라 침실을 어디에 둘 지가 결정된다. 주방이
있는 층에는 거실을 함께 두어 가족실이나 손님을
위한 응접실로 활용하고, 주방을 제외한 층에는 가족
구성원에 맞게 방을 나누어 프라이빗한 공간으로 만드는
게 좋다.

**3 복층 원룸 아래층은
파티션으로 공간 분리**

비교적 넓은 아래층은 2~3가지의 공간으로 나누는
경우가 많다. 이럴 때는 공간을 분리해 서로 독립적으로
보일 수 있도록 공간 사이에 파티션을 두는 게 현명하다.
침실과 서재를 한 공간에 둘 계획이라면 침대가 보이지
않을 정도 높이의 책장을 사이에 두거나 큰 테이블을
두어 나누어 주면 된다.

꼼꼼 체크!
복층집
똑똑하게 고르는 노하우

● 오피스텔이나 주상복합이라면 조망권 체크

앞 건물이 너무 가까이 있거나 조망권을 해치는 요소가
많을 수도 있다. 그리고 소음이 심한 도로변에 위치하고
있는 경우가 많으니 문을 열어 두었을 때 소음이 어느 정
도인지 미리 체크하는 게 현명하다.

● 창문의 잠금장치 확인

흔히 원룸형 복층 오피스텔의 경우 시스템 창이 설치되어
있는 경우가 많은데 잠금장치 고장이 발생하기도 한다.
반드시 집을 구하기 전, 잠금장치가 제대로 작동을 하는
지 살펴보아야 보안상 문제가 없다.

● 단열, 난방이 잘 되는 지 미리 체크

미니 복층의 경우 위층에는 난방이 안되고, 아래층에는
전면창이 있는 구조가 많다. 이런 경우라면 창으로 바람
이 많이 들어오지는 않는지 겨울에 심하게 춥지는 않은지
미리 전 세입자에게 물어 확인한다.

● 전세나 월세 고를 때 내가 들어갈 집 꼭 확인

간혹 내가 들어갈 집이 아닌 같은 구조의 다른 집을 소개
해 줄 때가 있다. 비슷비슷한 원룸형 복층 오피스텔의 경
우 이런 경우가 많은데 같은 구조라도 이전 세입자가 어
떻게 생활했는지에 따라 집의 상태가 달라질 수 있으므로
반드시 자신이 살 집을 확인해야 한다.

detached houses
+
town houses

이른바 땅콩집이라 불리는 소형 주택을 시작으로
단독주택이나 타운하우스에도 소형의 바람이 거세다.
미니멀하지만 마당이 있고 텃밭을 들일 수 있어
삭막한 도시의 삶에 여유를 안겨주는 공간이다.

뉴트럴 컬러에
원목을 더한
홈 데코 12평 39m²

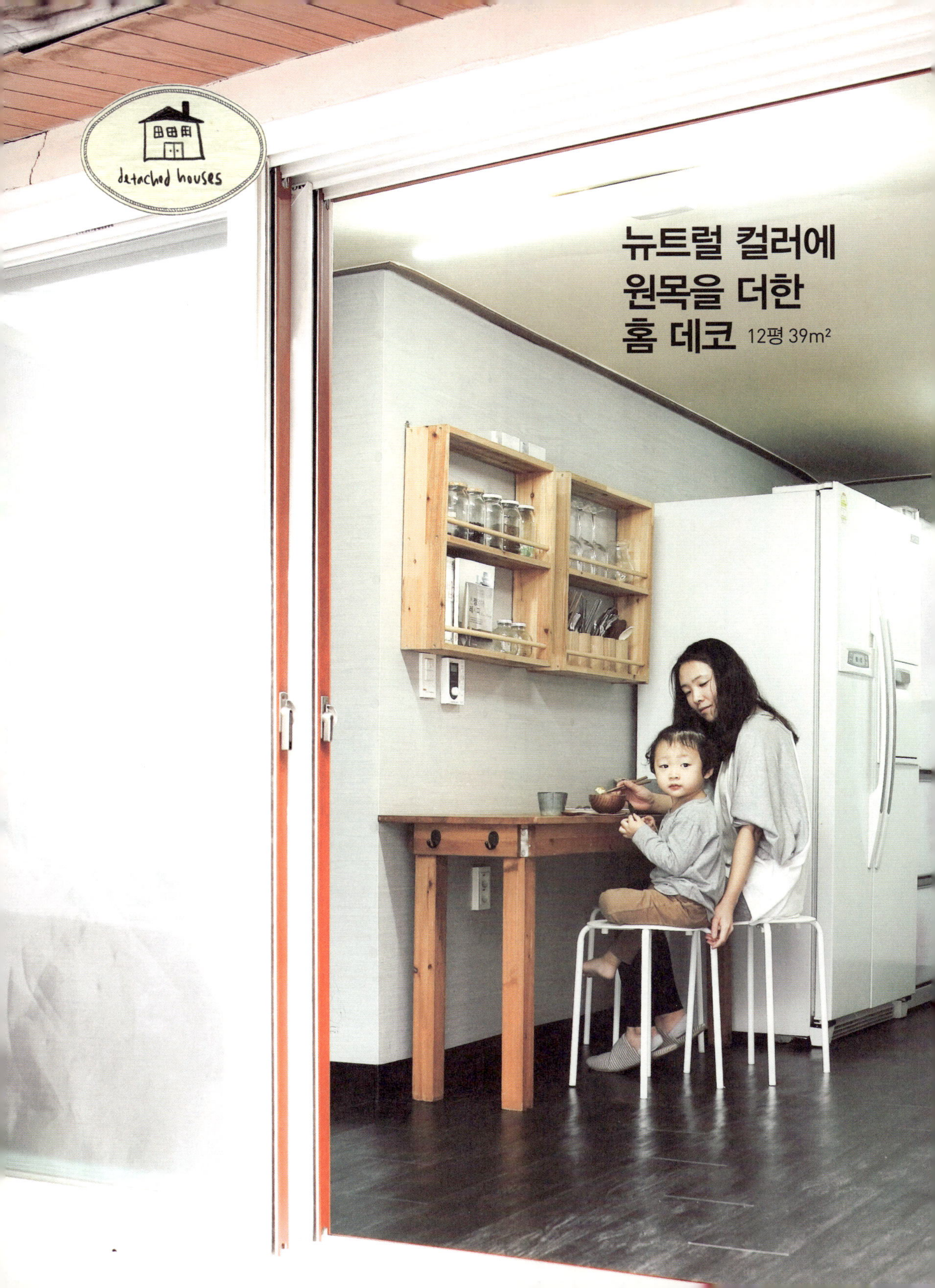

CHECK POINT

형태	단독주택
평형	12평 39m²
구조	방 2, 주방, 욕실
베란다	없음
시공 타입	DIY + 셀프 스타일링

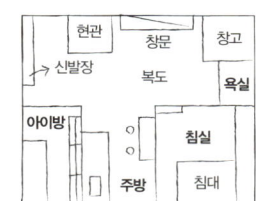

좁다란 골목을 따라 들어간 곳에 지붕이 낮은 작은 단독주택이 하나 보였다. 골목 안쪽에 자리 잡은 이 아담한 주택이 바로 웹디자이너 임정윤 씨의 집이다. 작지만 아이들이 뛰어놀 수 있고 텃밭을 가꿀 수도 있는 작은 마당과 하루 종일 따스한 햇살을 그대로 맞을 커다란 창이 있어 큰 집 부럽지 않다. 현관문을 열고 들어서면 정면에 아이 방 겸 서재가 있고 그 옆에 주방, 그리고 그 옆에 침실, 마지막으로 욕실이 있는 일자형 구조다.

"분가를 결심하고 정말 많은 집들을 보러 다녔는데 답답한 구조의 집들 일색이더라고요. 자금이 넉넉하지 않아 큰 집은 제외였거든요. 그러다 이 집이 눈에 확 들어왔어요. 작지만 단독이고 작은 마당도 있어 아이들과 함께 하기에 딱일 것 같았거든요."

그렇게 서둘러 계약하고 난 후 인테리어 공사를 시작했다. 하지만 딱히 공사랄 것도 없는 것이 전세이기 때문에 모두 바꿀 수는 없는 노릇이어서 우선 도배와 바닥만 데코타일로 하고 나머지는 직접 스타일링을 하기로 했다. 가장 먼저 정한 것이 컬러. 자연스럽고 군더더기 없이 심플한 것을 좋아해 뉴트럴 톤에 화이트를 더하기로 하고 바닥만 블랙으로 포인트를 주었다. 바닥은 인테리어 디자이너인 남편의 아이디어. 작은 집이기 때문에 아늑함을 살리려면 밝은 컬러보다는 어두운 컬러가 잘 어울린다는 생각에서였다.

가구는 나뭇결이 그대로 보이는 원목, 소품은 뉴트럴 컬러나 린넨 패브릭, 라탄 바구니를 이용하기로 했다. 좁은 집의 특성상 수납이 관건인데 그녀의 원칙은 꼭 필요하지 않는 물건은 사지 않기, 수시로 정리하기, 그리고 수납함에 넣어 감추기다. 아이들 용품도 박스나 바구니에 넣어두거나 패브릭을 이용해 수납해 늘 깔끔함을 유지한다.

◆ 웹 디자이너 임정윤
◆ 서울 은평구 응암동 단독주택
◆ blog.naver.com/mayry4u

작은 평수에선 바닥을 짙은 색으로 하면 좀 더 아늑해
보이는 효과가 있어요. 집안 곳곳 밝은 뉴트럴 톤의 균형을
잡아줄 수 있도록 바닥을 짙은 색으로 결정했죠.

방마다 멀티 룸으로 개조하다

Zone 1

침실 + 드레스 룸 + 가족실
실용적인 공간 배치로
활용도를 높인 방

침대는 헤드가 없는 미니멀한 디자인으로
고르고 작은 협탁만 놓았다. 좁은 공간이
깔끔해 보이도록 TV는 방문 옆 수납장 위에
올려두었고, 침대 맞은편 헹거 앞에는 레일
커튼을 제작해 달았다.

Zone 2

아이 방 + 서재
좁은 공간을 위한 이층 침대와 슬림 책장

아이들이 주로 머무는 이곳은 아이들을 위한 수면과
학습의 공간이다. 침대 맞은편에 널찍하지만 키 낮은
책장을 두어 책과 장난감을 한꺼번에 수납할 수
있도록 했다.

주방 + 다이닝 룸

한쪽 벽면을 활용해 주방에 미니 다이 연출

직접 주문한 목재로 주방에 꼭 맞는 미니 다이닝 테이블을
만들었고 자리를 많이 차지하는 식탁 의자 대신 작은 스툴을
여러 개 두어 여러 사람이 함께 앉을 수 있도록 배려했다.
싱크대 옆에는 선반 두 개를 나란히 놓고 수납박스를 넣어
주방용품을 깔끔하게 수납했다.

zone 4

현관

현관에 들인 미니 정원

베란다가 없어 따로 정원을 마련할 수 없어 생각해 낸
것이 바로 현관 옆이다. 현관과 주방 앞쪽 통창 사이
공간에 작은 원목 의자 두 개를 놓고 그 위에 화분 몇 개를
올려두었다. 화분 몇 개로도 집안 분위기는 훨씬 생기가
넘친다.

페이퍼 박스, 패브릭 파우치 적극 활용

아이들 방 이층 침대와 벽 사이에는 겨우 서랍장 하나가 들어갈 정도의 공간이 있다. 따로 책상을 둘 수 없어 서랍장을 테이블로 쓰면서 수납함과 바스킷을 두어 수납기능을 높였다. 침대 아래쪽도 숨어 있는 수납공간으로 활용했다. 주문 제작한 수납함에 아이들 옷을 수납해 그때그때 꺼내 입기 좋게 했다. 깔끔해 보이면서도 수납력이 좋아 일석이조다.

1 오픈형 수납장은 서랍장보다 덜 답답해 보이고 넓어 보이는 효과가 있다. 뚜껑이 있는 바스킷이나 수납함을 이용하자.
2 벙커형으로 된 이층 침대 아래쪽에 사이즈를 맞춘 수납장을 넣었더니 공간 활용도 되고 깔끔하게 수납할 수 있어 굿.
3 현관 바로 옆 신발장 사이 벽면에 철제 선반함을 두고 자주 쓰는 화장지와 생수통을 올려두었다.
4 다이닝 의자는 가벼운 소재의 디자인을 선택해, 평소에는 의자를 겹쳐두어 공간을 넓게 사용한다.
5 침실 한쪽 면을 모두 메울 수 있는 헹거를 주문하고 꼼꼼하게 정리한 다음 레일 커튼을 달았다.

1   2   3   4   5

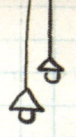

소박하지만 멋스러운 모노톤 스타일링

선반이나 작은 수납함 등 소소한 가구들이 많은 것도 이 집의 특징이다. 대부분 DIY 사이트에서 주문한 반제품을 이용하거나 목재로 직접 만든 가구들이다. 은은한 패브릭이나 베이지, 화이트 계열의 소품으로 스타일링해 편안하고 친근감이 드는 소박한 가정집 스타일로 완성했다.

Shopping Point

침대, 협탁, 주방 수납장, 아이방 책꽂이 모두 무인양품.

아이 방 벙커형 이층 침대 이케아 KURA BED 시리즈. 인터넷 구매대행으로 50만 원대에 구입.

침대 아래 수납장 락앤락 인플러스 스토리박스.

침실 벽 거울, 주방 창 아래 선반 모두 마켓 M.

주방 화이트 스툴 이케아 제품으로 개당 3만 원대에 구입.

주방 벽 수저 케이스 무인양품 제품으로 3만 원대에 구입.

1 전체 컬러를 내추럴하게 잡아 편안한 분위기를 자아낸다. 2 벽시계와 토스트기, 커피머신 등 소형가전들도 컬러를 통일해야 공간이 산만해 보이지 않는다. 3 라탄 바구니에 보기 흉한 생활용품이나 야채 등을 넣고 패브릭을 살짝 덮어주면 훌륭한 소품이 된다. 4 일본풍이나 심플한 디자인의 그릇은 내추럴한 인테리어에 잘 어울리는 멋진 소품이다. 5 직접 그린 고양이 그림과 심플한 노트, 연필꽂이로 활용한 베이식한 컵을 매치해 허전한 수납장 위를 감각적으로 커버했다.

에코라이프를
위한 싱글
타운하우스 18평 59m²

마당이 있는 집에서 살고 싶어 싱글이지만 소형 타운하우스를 선뜻 구입했다는 이재영 씨. 파주 도시농부 1호 입주자이기도 한 그의 집은 59m² 소형주택이지만 넓은 전원주택을 연상시키듯 멋스럽다. 공사가 마무리되기 전에 계약해 구조를 마음대로 요청한 덕분이다. 애초 현관 오른쪽에 있던 방 2개를 터서 큰 공간을 만들어 거실 겸 작업실로 활용했다. 그리고 거실이었던 공간은 침실로 크기를 줄이고 대신 주방을 좀 더 크게 늘였다.

"싱글이라 방이 여러 개 일 필요는 없다고 생각했죠. 오히려 재택근무를 해야 해 거실 겸 라운지와 작업실이 필요했어요. 그리고 요리하는 것을 좋아해 좀 널찍한 주방을 갖고 싶어서 구조를 변경했죠."

집이 보다 넓어 보이도록 컬러는 화이트를 베이스로 했다. 바닥도 마루 대신 화이트 폴리싱 타일로 선택했는데 바닥까지 화이트로 연결해 넓어 보이게 하기 위함이었다. 그리고 욕실 문을 원목 슬라이딩 도어로 하고 천정에 서까래를 넣는 등 집안 곳곳에 나무 소재를 더해 안정감을 주었다. 이 집이 더 넓어 보이는 이유 중 하나가 슬라이딩 도어로 골랐기 때문이다. 여닫이문은 공간을 많이 차지하고 답답해 보일 수 있지만 슬라이딩 도어는 공간을 많이 차지하지 않고 사용하기도 편리해 좁은 집에서는 아주 유용하다.

도심과 얼마 떨어지지 않은 타운하우스에서 마당을 가지고 산다는 것도 좋지만 무엇보다 이웃들과 가족처럼 지낼 수 있어서 아주 만족스럽다. 타운하우스 내 브런치 바가 있어 입주민들과 식사를 함께 하며 어울릴 수도 있고, 정기적으로 만나는 모임도 활성화되어 있어 함께 사는 즐거움을 매일 만끽하고 있다.

◆ 크리에이티브 디렉터 이재영
◆ 경기 파주시 야당동 타운하우스

답답한 도심에서 벗어나 삶의 여유를
조금이나마 느낄 수 있는 집을 갖고 싶었어요.
재테크용이 아니라 정말 살기 좋은 집을
말이죠. 똑같은 아파트 구조에서 벗어나 색다른
공간으로 만들어 가는 게 좋아요.

구조 변경으로 작지만 넓어 보이게

zone 1

거실 + 작업실
거실은 라운지처럼, 작업실은 콤팩트하게

거실을 겸하는 라운지와 작업실을 한 공간에 두었다.
작업실 테이블을 거실 쪽으로 향하게 하고 테이블 바로
앞에 2인용 소파를 두어 라운지 공간을 구분했다.

zone 2

침실 + 드레스 룸
붙박이장으로 좁은 공간을 알차게

침실에 붙박이장을 설치해 깔끔하게 옷을 수납하기로 했다.
침실은 잠만 자는 공간으로 활용할 계획이라 옷이 드러나
보이는 걸 원치 않았기 때문.

detached houses

zone 3

주방 + 다이닝 룸
구조 변경으로 주방과 다이닝 룸을 넓게

요리하는 것을 좋아하는데 기존의 좁은 주방에선 넓은 동선 확보도
어렵고 다이닝 테이블을 넣을 자리도 마땅치 않아 과감하게 구조를
변경했다. 침실을 줄이는 대신 싱크대를 ㄱ자형으로 넣고 창가 쪽으로
다이닝 테이블을 두었다.

zone 4

욕실
슬라이딩 도어로 공간 확보

현관문을 열고 들어서면 가장 먼저 보이는 곳이
욕실이다. 문처럼 보이지 않게 원목 슬라이딩 도어를
설치했는데 넓어 보이는 효과도 있고 문이 아닌
복도처럼 보여 멋스러움을 더한다.

**히든 스페이스
활용 아이디어**

드러내거나 혹은 드러내지 않거나

수납을 어떻게 하느냐에 따라 잘 꾸며진 집이 멋스러워 보이느냐 아니냐가 결정된다. 그가 선택한 수납은 드러내서 멋스러운 것과 드러내면 안 되는 것을 구분하는 방법이다. 보통 책장에 꽂아두기 마련인 책은 인테리어 효과를 고려해 드러내는 수납을 선택했고, 자질구레한 작업용품이나 생활용품은 수납함을 이용해 철저히 드러내지 않았다. 침실 방문에 걸이를 달아 옷을 수납하는 것도 그가 선호하는 드러내지 않는 수납법이다.

1	2	
3	4	5

1 북 타워를 이용하고 남은 책은 거실 TV장 아래에
일렬로 정리했다.
2 작업실이 오픈된 공간이라 수납에 공을 들였다.
자질구레한 용품들을 큰 수납함에 꼭꼭 숨겨둔 것.
3 침실 슬라이딩 도어 안쪽에 걸이를 설치해 자주 입는
옷을 수납하되 밖에서는 보이지 않도록 했다.
4 주방 싱크대에 오픈형 선반이 있는데 커피용품을
올려두다 보니 멋진 미니 카페가 되었다.
5 주방과 침실 사이 남는 벽면은 선반 2개를 달아
책을 얹혀두었다.

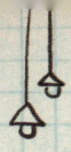

컬러 톤을 통일하고 감각적인 디자인에 집중

다양한 소재의 가구와 소품 속에서도 복잡하지 않고 독특하고 세련된 멋이 나는 이유는 컬러를 통일하고 디자인적 요소에 신경을 썼기 때문이다. 화이트 베이스에 우드와 블랙으로 포인트를 주고 심플하지만 감각적인 디자인의 가구를 들여 디자인으로 멋스러움을 보여주었다.

1 심플하지만 감각적인 다이닝 테이블과 조명

북유럽 풍의 자연주의 감성이 깃들어 있는 원목 다이닝 테이블과 의자, 포인트가 되는 블랙 펜던트 조명은 심플한 주방에 활력소가 되고 있다.

1

2

2 화이트 + 우드 + 블랙 컬러의 조합

컬러 조합을 3가지 이상 두지 않는 게 중요하다. 화이트를 베이스로 하면서 따스한 느낌이 드는 우드를 더하고 세련된 블랙 컬러로 포인트.

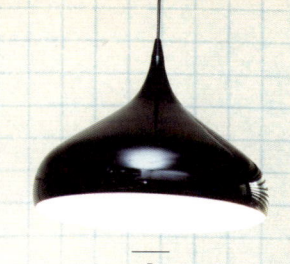

3 간접 조명과 포인트 조명으로 은은하게

전체적으로 화이트 톤이라 조명까지 지나치게 밝으면 오히려 산만해 보일 수 있다. 그래서 선택한 것이 간접 조명과 포인트 조명.

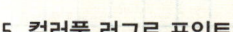

4 화려한 장식품 대신 책으로 데커레이션

표지 디자인이 예쁜 책은 그 자체로 데커레이션 아이템이 될 수 있다. 아래에는 깜찍한 새 목각 인형을 두었다.

5 컬러풀 러그로 포인트

전체적으로 화이트 톤인 주방에도 컬러풀한 러그를 깔아 포인트를 주었다. 활기 넘치고 밝은 공간으로 만들고 싶어 선택한 아이템.

Shopping Point

거실 2인용 소파와 테이블 인디테일 www.indetail.co.kr0에서 각각 1백만 원대, 60만 원대에 구입.

거실 TV장 메스티지데코 www.mestideco.co.kr에서 30만 원대에 구입.

거실 북 타워 인디테일 www.indetail.co.kr에서 40만 원대에 구입.

주방 다이닝 테이블 이케아 브랜드로 아이컴퍼니 www.icompany.tv에서 20만 원대에 구입.

6 화이트와 블랙의 만남

침대 베딩부터 붙박이장까지 화이트 컬러로 통일했다. 밋밋함을 덜기 위해 장 스탠드는 블랙 컬러로 포인트를 주었다.

이국적인 농가를
연상시키는 작은 집 19평 62m²

CHECK POINT

형태 | 단독주택
평형 | 19평 62m²
구조 | 침실, 작업실, 드레스 룸, 주방, 욕실
베란다 | 없음
시공 타입 | 셀프 스타일링

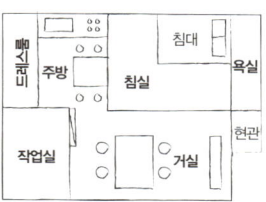

마치 농장에 온 듯 정겨운 이곳은 그림 작가 박현정 씨의 빈티지 하우스다. 식물이나 허브 가꾸기를 좋아해 지방의 전원주택에서 생활하다 2년 전 남편의 직장 때문에 다시 서울로 오게 되었다.

"새로 지어서 깔끔하고 고급스러운 곳은 너무 차가운 느낌이 들어 좋아하지 않아요. 이 집도 지은 지 30~40년 정도 된 집이에요. 곳곳에 사람의 손길이 필요하고 불편한 점도 있지만 그래서 더 정감이 가요."

그녀의 말처럼 오래된 집은 세월과 함께 자연스레 나이를 먹으며 내추럴한 멋이 나는 빈티지 하우스가 되었다. 단독주택이어서 눈치보지 않고 반려동물과 생활할 수 있고, 작은 앞마당엔 봄이 되면 갖가지 식물과 꽃, 그리고 채소를 키울 수 있어 아늑한 농장 같은 느낌이다.

작은 평수이지만 방이 3개라 하나는 부부침실로, 다른 하나는 그림 작업을 하는 작업실로, 나머지 하나는 드레스 룸으로 이용한다. 그중 가장 햇살 잘 드는 큰 방은 그녀의 그림 작업실이다. 그림 작업뿐만 아니라 책도 보고 미싱으로 간단한 패브릭 소품도 만들기 때문에 넓은 공간이 필요했다.

거실은 부부만의 작은 카페다. 일과 후 소파에 앉아 도란도란 이야기도 나누고 차를 마시거나 휴일 느긋한 브런치를 즐기기도 한다. 주방에는 그녀가 직접 담은 효소와 각종 자연 재료가 가득하고 마치 빵 굽는 냄새가 날 듯 정겹다. 소박하지만 사람 냄새 나고 따뜻한 이곳에서 오늘도 그녀만의 이야기를 만들어 간다.

◆ 그림 작가 박현정
◆ 서울 종로구 구기동 단독주택
◆ blog.naver.com/gutanna

우리 집은 지은 지 30~40년 된 집이에요.
곳곳에 사람의 손길이 필요하고
불편한 점도 있지만 그래서 더 정감이 가요.
자연스럽고 편안하잖아요.

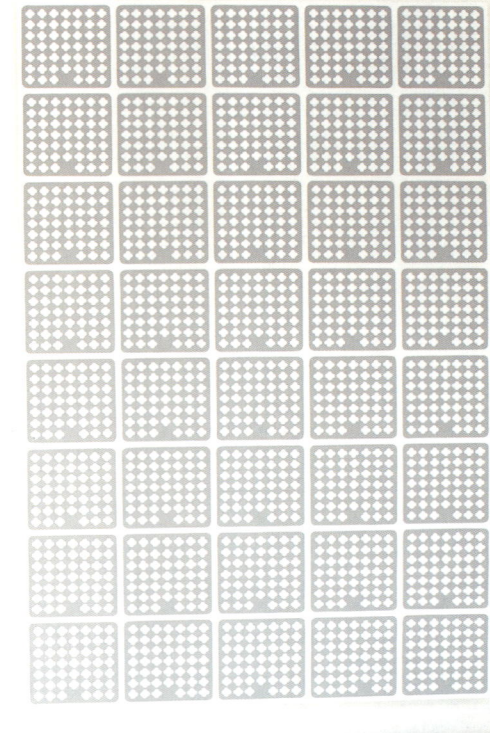

기본에 충실한 공간을 만들다

Zone 1

침실
편안한 분위기를 위해 가구는 소박하게

침실은 침대와 작은 서랍장 하나만 넣어도 꽉 차는 구조다. 오로지 휴식만을 위한 공간으로 만들 계획이었기 때문에 가구는 침대와 서랍장 외에는 두지 않았다.

Zone 2

작업실
그림 작업과 취미 공간을 하나로

가장 큰 방인 작업실에는 각종 미술도구와 작업대, 그리고 작업 중인 작품들이 즐비하다. 한쪽 벽에는 취미생활인 패브릭 소품을 만드는 미싱 테이블도 있다.

detached houses

zone 3

거실
미니 가든으로, 카페로, 갤러리로

가장 활용도가 높은 공간이 바로 거실이다. 부부를 위한
작은 카페 겸 다이닝 룸이 되기도 하고 각종 허브와 화분이
넘치는 미니 가든으로도 변신한다. 종종 직접 그린 작품들이
전시되는 갤러리가 되기도 한다.

zone 4

욕실
**수납공간으로 활용하거나
공용 공간으로**

따로 세탁실이 없어 욕실 안쪽에 세탁기와 샤워기를
함께 두었다. 압축봉에 커튼을 달아 살짝 가려주고 각종
욕실용품을 함께 수납한다.

zone 5

주방 + 다이닝 룸
**목가적인 분위기가
물씬 나는 북유럽 키친**

북유럽풍의 다이닝 테이블, 내추럴한 원목
선반, 자연스러운 듯 매치되는 화이트 철제
선반 등 주방에는 목가적인 느낌을 주는
아이템들로 가득 차 있다.

246
247

틈새 공간을 미니 갤러리 공간으로 활용

틈새 공간은 작은 집 인테리어에서 중요한 코너이기도 하다. 그녀 역시 숨어 있는 공간을 그냥 버려두지 않았다. 거실에서 소파를 중심으로 양쪽 벽면, 작업실의 벽면, 침실의 자투리 공간, 주방 벽면 등 남는 공간을 활용해 미니 가든으로 만들기도 하고 그림 작품을 전시하는 갤러리 공간으로 만들기도 한다.

1 버려진 의자를 주워 와 깨끗이 닦아서 양철통을 올려두니 멋스럽다. 벽에는 작은 철제 걸이로 뜨개 소품을 걸어두었다.
2 창가에는 낮은 화분 받침대를 두고 각종 식물과 허브를 올려두었다.
3 주방 벽면에는 에이프런과 테이블보 등을 걸어두기 좋은 원목걸이를 달았다.
4 그녀가 오랫동안 모아온 그릇과 매년 만드는 효소는 주방 한쪽에 수납장을 넣어 보관한다.

1

2 3 4

직접 그린 작품, 화분, 컨트리 소품으로 빈티지하게

오래된 듯 세월이 느껴지는 소품을 좋아해 집 안 가득 빈티지 아이템으로 꾸몄다. 그중에서도 왕골 소재의 바스킷이나 살짝 부식된 양철통, 우드 소재의 그릇과 다양한 패브릭은 그녀가 가장 사랑하는 것들이다. 재패니즈 컨트리 스타일과 북유럽의 내추럴 스타일이 더해져 소박하지만 독특하고 낭만이 가득한 공간으로 완성되었다.

Shopping Point

주방 법랑 수납함 스투디오 M 브랜드 제품으로 일본여행에서 5~6만 원대에 구입.

거실 소파 가리모쿠 브랜드 제품으로 mmmg 매장에서 구입.

각종 양철 통 빈티지 소품가게나 군용 전문 제품 판매점에서 구입.

주방 화이트 철제 선반 이케아 브랜드 제품으로 3만 원대에 구입.

1 작은 집이라 공간이 넓어 보이는 효과를 주기 위해 작업실 문은 떼어 내고 대신 압축봉을 단 후, 직접 만든 패브릭 커튼을 걸어두었다.
2 그림을 벽에 걸게 되면 오랫동안 같은 자리에 한 작품만 걸어두게 되거나 집이 좁아 보이는 단점이 있다. 대신 벽에 선반을 달아 올려두면 생각보다 많은 작품을 올려둘 수도 있어 유용하다.
3 지난 겨울에 쓰다가 남은 털실, 작은 미니 화분, 예쁜 그림 엽서 모두 더없이 좋은 인테리어 소품이다.
4 손 때 묻은 듯 정감 가는 아이템을 좋아하기에 주방 용품도 우드 소재로 된 그릇이나 스푼, 트레이를 많이 사용한다.
5 작업실도 전체적으로 편안하면서도 안정감을 주는 원목 소재를 사용한 가구를 들였다. 여기에 그녀가 작업한 작품과 캔버스, 그리고 린넨 방석 등 패브릭 소품이 더해져 컨트리한 공간이 완성되었다.

10평대에 마당까지! 타운하우스 인테리어 TIP

같은 10평대라도 마당이 있고 면적이 다른 구조보다 넓어 보다 여유로운 생활을 할 수 있는 단독주택. 공간 활용만 꼼꼼하게 한다면 큰 평수 부럽지 않다. 삶을 더 풍요롭게 만들어줄 인테리어 노하우를 공개한다.

도움말 | 인테리어 스타일리스트 이지은 blog.naver.com/rx7girl, 최선희 실장 바라봄 디자인 blog.naver.com/chloe_style

1

단독주택 & 타운하우스 공간 활용 노하우

----

1 주로 사용하는 공간의 동선을 고려
거실과 작업실에서 많은 시간을 보낸다면 거실과 작업실이 가까울 수 있도록 방을 선택한다. 거실이 없고 주방이 큰 구조에 침실을 가족실로 활용하고 있다면 주방과 가까운 방을 침실로 고르는 편이 좋다. 주로 사용하는 공간끼리의 동선이 짧아야 한다.

2 미닫이가 있는 구조라면 문 떼어 내기
여닫이문이 아닌 미닫이문이 있는 방이 있다면 문을 떼어 내고 오픈된 공간으로 활용해 거실을 확장하는 것도 방법이다. 조금 더 넓은 공간을 확보해 주로 사용하는 공간을 넓힐 수 있다.

3 공간별 수납공간 늘이기
창고로 활용할 수 있는 베란다가 없는 경우가 많기 때문에 수납공간을 넓히는 게 좋다. 리모델링을 한다면 거실이나 침실 벽면 한쪽을 붙박이장을 설치하거나 방 하나를 수납공간을 늘려 드레스 룸 겸 수납공간으로 활용하는 것도 방법이다.

3 마당 적극 활용하기
단독주택이나 타운하우스의 장점은 마당을 가질 수 있다는 점. 마당에 텃밭을 두거나 아이들 놀이공간으로 만들어주는 등 적극적으로 활용해 보는 것이 좋다.

2

개조 & 리모델링 시 체크 사항

----

1 욕실 난방에 공을 들이자
단독주택은 욕실이 아파트나 오피스텔 보다 추운 편이다. 리모델링을 계획했다면 욕실 난방에 좀 더 관심을 기울이자. 창을 이중창으로 하거나 단열을 꼼꼼하게 하고, 그래도 여의치 않다면 라디에이터를 설치하는 방법도 있다.

2 옥상 방수도 잊지 말 것
단독주택에만 있는 옥상은 방수처리를 꼼꼼하게 해야 한다. 전세나 월세라면 옥상에 방수처리가 잘 되어 있는지 확인하고 그렇지 않다면 집주인에게 방수처리 해 줄 것을 요구하는 편이 좋다.

3 개조 시 주방의 환기에도 관심을
거실이나 침실만큼이나 채광과 환기가 중요한 공간이 주방이다. 개조를 하기로 했다면 주방 창을 좀 더 크게 낸다든지 냄새가 잘 빠져나가도록 후드 설치에 신경을 쓰도록 해야 한다. 음식을 만들고 식사를 하는 공간인 만큼 채광이 잘 되도록 하거나 조명을 밝게 설치하는 것이 좋다.

3

작은 집, 넓게 쓰는 인테리어 포인트

1 가구는 최대한 심플한 디자인으로
가구들의 디테일과 컬러가 너무 제각각이면 집은 좁아
보일 수 밖에 없다. 넓어 보이고 싶다면 가구는 단순한
디자인을 고르는 게 제격이다. 너무 딱딱하고 차가운
느낌이 들 것 같다면 곡선으로 처리되었거나 패브릭으로
덧댄 디자인을 고른다.

2 가구의 재질도 고려하자
원목이 아니라면 무광제품보다는 반짝반짝 빛나는
재질의 가구가 공간을 넓어보이게 한다. 가구에
거울이 달려 있다거나 한쪽 벽면에 거울을 설치한다면
상대적으로 공간이 팽창되는 느낌을 주어 넓어 보이는
효과가 있다.

3 창은 밝게, 햇살이 잘 들어오도록
집 안이 어두운 것보다 밝고 화사해야 더 넓어 보인다.
창은 넓게 사용하고 가리지 않도록 가구 배치에도
신경을 쓰자. 집을 고를 때에도 거실이나 침실 등 주로
사용하는 공간에 얼마나 햇살이 잘 들어오는지도 따져
볼 필요가 있다.

3 중문 대신 파티션으로
현관에서 거실이 보이는 구조라면 흔히 중문을 많이
설치하지만 10평대에선 안타깝게도 공간을 더 작아
보이게 하는 단점이 있다. 리모델링을 한다면 현관에서
거실로 들어가는 입구를 꺾어지게 만드는 등 구조를
변경하면 더욱 좋겠고, 그렇지 않다면 중문보다는
파티션을 하는 편이 낫다. 파티션을 할 때에도 모두
가리는 스타일보다는 윗부분은 뚫려 있거나 창으로 되어
있는 디자인이 낫다.

꼼꼼 체크!
단독주택 입주 전, 반드시 따져 보아야 할 사항

● **단열이 잘되는지 꼼꼼 체크**
공용세대가 많지 않은 단독주택이나 타운하우스는 유독
단열이 취약한 경우가 자주 있다. 단열이 잘되지 않는 벽
으로 인해 결로나 곰팡이가 생기고 습기가 많을 수 있으
니 미리 잘 살펴보아야 한다. 특히 알레르기로 예민한 타
입이라면 건강상 문제가 될 수도 있으니 주의하자.

● **1층이라면 습기에 주의**
땅에서 올라오는 습기로 인해 마루가 썩거나 벽에 곰팡이
가 생기는 경우가 있다. 특히 잘 보이지 않는 가구 뒤쪽은
곰팡이에 매우 취약하므로 가구 근처에 곰팡이가 퍼져 있
는지 미리 보는 것이 좋겠다. 리모델링을 하기로 했다면
외벽의 단열 여부를 살펴보고 단열시공을 어떻게 해야 할
지 결정하고, 바닥재를 타일로 변경하는 등의 차선책을 찾
아보아야 한다.

● **낮과 밤에 미리 방문해 볼 것**
단독주택이라도 옆집과의 거리가 얼마나 떨어져 있느냐
가 중요하다. 그에 따라 채광이 좋은지, 환기에는 문제가
없는 지가 결정되기 때문. 남향이라도 앞 건물이 높다면
채광에 문제가 생길 수 있다. 집을 구하기 전, 낮에 한 번,
밤에 한 번 꼭 방문해 보고 선택하는 것이 좋다.

shop list

원단

선퀼트
www.sunquilt.com
기본적인 원단뿐만 아니라 도안 없이 만들 수 있는 DIY 패키지도 있어 초보자가 원하는 제품을 쉽게 고를 수 있다. 서포터도 운영해 다양한 후기도 볼 수 있다.

네스홈
www.nesshome.com
북유럽, 내추럴, 로맨틱 스타일 등 인테리어 스타일에 맞게 원단을 고를 수 있는 곳. 자체 제작하는 원단도 가득하다.

코튼빌
www.cottonvill.co.kr
일본이나 기타 외국에서 공수해 오는 수입 원단을 다양하게 만날 수 있다. 동대문에서 가장 유행하는 원단이나 신제품에 대한 설명도 볼 수 있다.

캔디패브릭
www.candyfabric.co.kr
다양한 원단은 물론 독특하고 예쁜 커트지가 많기로 소문난 곳. 커튼봉이나 단추, 바이어스 테이프 등 다양한 부자재도 한꺼번에 구입하기 좋다.

DIY

타이거우드
www.tigerdiy.com
질 좋은 목재를 판매하기로 유명한 곳. 다양한 목재를 원하는 크기로 주문할 수 있고, 수시로 할인행사를 진행해 저렴하게 구입하기 좋다.

페인트인포
www.paintinfo.co.kr
목재, 페인트, 시트지, 문고리 등 DIY 제품을 한꺼번에 구입할 수 있다. 특히 다양한 페인트 컬러를 고를 수 있어 좋다.

손잡이닷컴
www.sonjabee.com
DIY 제품은 물론, 반제품, 그리고 완제품까지 원목 가구와 소품을 구하기 좋은 온라인 쇼핑몰. 다양한 후기가 올라와 있어 참고하기 좋다.

가구

소프시스
www.sofsys.co.kr
맞춤전문 가구 쇼핑몰. 싱글이나 신혼부부를 위한 심플하면서도 콤팩트한 디자인의 가구들을 많이 만날 수 있다.

두닷
www.dodat.co.kr
드라마에서도 많이 등장하는 가구 전문 쇼핑몰. 모던한 디자인 가구, 빈티지 스타일 의자, 내추럴한 홈오피스 가구 등 작은 평수에 어울리는 가구가 많다.

하우스앤홈
www.houseandhome.co.kr
저렴한 가격대의 다양한 이케아 제품을 만날 수 있다. 국내에서 구하기 힘든 이케아 제품도 찾을 수 있어 인기다.

엔토코
www.ntoco.com
내추럴한 디자인의 북유럽 가구, 감각적인 디자인 가구를 만날 수 있다. 직접 눈으로 보고 싶다면 파주 헤이리 예술마을에 있는 오프라인 매장을 이용해도 된다.

조명

티랩
www.ti-lap.com
감각적인 인테리어 소품이 많기로
유명한 곳. 그중에서도 개성 있고 멋
진 디자인의 조명을 많이 만날 수
있고 가격도 저렴한 편이다.

바이빔조명
www.buy-beam.com
디자인 전문 회사가 운영하는 곳으
로 평범하지 않은 조명을 고를 수
있다. 비교적 저렴한 가격대부터
고가의 수입 조명까지 만나 보자.

애플라이팅
www.applelighting.co.kr
공간을 더욱 분위기 있게 만들어 주
는 스탠드, 포인트 조명, 센서 등,
그리고 방 분위기에 꼭 맞는 조명을
찾을 수 있는 곳.

비비나라이팅
www.vivina-lighting.com
유니크하고 트렌디한 디자인의 조
명이 많아 선택의 폭이 넓다. 오프
라인 매장도 운영하고 있어 방문 구
입도 가능하다.

패브릭

키티버니포니
www.kittybunnypony.com
예쁜 쿠션이 많기로 소문난 곳. 패
브릭 액자로 만들 수 있는 원단도
고르기 좋다. 평범하지 않고 감각적
인 디자인이 많다.

포홈
www.forhome.co.kr
쿠션, 베딩, 커튼 등 다양한 패브릭
아이템을 만날 수 있다. 패브릭뿐만
아니라 가구와 주방용품, 리빙 용품
까지 판매하고 있어 마니아들이 많
이 찾는다.

바닐라홈
www.vanillahome.co.kr
새로운 분위기로 바꾸기 좋은 패브
릭, 그리고 소형가구, 포인트 조명
등 여러 가지 아이템을 한꺼번에 쇼
핑할 수 있는 것이 특징.

슈가홈
www.sugarhome.com
스타일리시한 침구를 좋아하는 이
들을 위한 인테리어 전문 쇼핑몰.
주방과 욕실 소품도 함께 구입하기
좋다. 정기적으로 실시하는 세일 기
간을 노리면 알뜰한 가격대에 여러
가지 제품을 구입할 수 있다.

소품 & 주방공품

오층아파트
www.5apt.net
일본풍의 내추럴한 소품, 북유럽풍
의 컬러풀한 디자인, 감각적인 빈티
지 소품까지 개성 있는 소품이 다
모여 있다.

1300k
www.1300k.com
재미있는 디자인의 인테리어 소품,
의류, 그리고 디지털 가전까지 만
날 수 있는 곳. 디자인 문구도 판매
한다.

펀샵
www.funshop.co.kr
아이디얼한 소품이 가득한 장난감
천국 같은 쇼핑몰이다. 어른들을
위한 키덜트 소품, 그리고 재미있
는 아이디어 제품이 가득하다.

호시노엔쿠키스
www.hosino.co.kr
일본 수입 인테리어 소품을 다양하
게 만날 수 있다. 마메종, 스튜디오M
등 브랜드 마니아들이 즐겨 찾는 곳.
북유럽 아이템도 많다.

열 평 인테리어

2019년 9월 1일 4쇄 발행

저 자	//	김하나
펴 낸 이	//	문영애
사 진	//	박신우
디 자 인	//	Relish(relish.ej@gmail.com)
출 력 · 인 쇄	//	도담프린팅
펴 낸 곳	//	수작걸다
주 소	//	경기 용인시 수지구 고기로 89
전 화	//	02-2066-7044
이 메 일	//	suzakbook@naver.com
블 로 그	//	blog.naver.com/suzakbook

수작걸다는 '말과 말을 걸다'라는 뜻의 출판 브랜드입니다.

?? cm

Small
houses

X